Python 代码整洁之道

[美] 戴恩·希尔拉德(Dane Hillard)　　　著

计湘婷　卢苗苗　田成平　　　译

清华大学出版社

北　京

Dane Hillard

Practices of the Python Pro

EISBN: 978-1-61729-608-6

Original English language edition published by Manning Publications, USA © 2020 by
Manning Publications. Simplified Chinese-language edition copyright © 2021 by Tsinghua
University Press Limited. All rights reserved.

北京市版权局著作权合同登记号　图字：01-2020-6254

图书在版编目(CIP)数据

Python代码整洁之道 / (美) 戴恩·希尔拉德(Dane Hillard)著；计湘婷，卢苗苗，田成平
译. —北京：清华大学出版社，2021.8
　书名原文：Practices of the Python Pro
　ISBN 978-7-302-58822-1

I.①P… Ⅱ.①戴…②计…③卢…④田… Ⅲ.①软件工具—程序设计 Ⅳ.①TP311.561

中国版本图书馆 CIP 数据核字(2021)第 155858 号

责任编辑：王　军
封面设计：孔祥峰
版式设计：思创景点
责任校对：成凤进
责任印制：宋　林

出版发行：清华大学出版社
　　　　网　　　址：http://www.tup.com.cn，http://www.wqbook.com
　　　　地　　　址：北京清华大学学研大厦 A 座　　　　邮　　编：100084
　　　　社 总 机：010-62770175　　　　　　　　　　邮　　购：010-62786544
　　　　投稿与读者服务：010-62776969，c-service@tup.tsinghua.edu.cn
　　　　质 量 反 馈：010-62772015，zhiliang@tup.tsinghua.edu.cn
印 装 者：小森印刷霸州有限公司
经　　销：全国新华书店
开　　本：148mm×210mm　　　　印　　张：9.25　　　　字　　数：249 千字
版　　次：2021 年 9 月第 1 版　　　印　　次：2021 年 9 月第 1 次印刷
定　　价：79.80 元

产品编号：087708-01

译 者 序

随着人工智能的兴起，Python 作为一种解释型、交互性、面向对象的跨平台编程语言越来越受到技术人员的追捧。如今，Python 几乎被应用于所有学科，从机器人学到机器学习再到化学领域均有涉及。在相关编程语言排行榜中，Python 更是长期位居前三，足以说明其受欢迎的程度。此外，Python 为过去十年中一些最成功的互联网公司提供了动力，并且没有任何放缓的迹象。

作为一种解释型动态程序设计语言，Python 不仅优雅简洁，而且具备开发快速、容易阅读、功能强大等优点。在编写程序的过程中，编程人员可以专注于程序流程设计本身，整个过程可以让程序的开发更有效率。

本书是入门 Python 的很好选择，通过丰富而详尽的代码、讨论与练习，介绍了 Python 近期的发展历程、在日常工作中的应用，以及深入其性能的关注点分离、抽象、封装、继承、多态和松耦合等设计。在编程过程中，编程人员可能会接触到复杂度不断增加的软件，可能会出现随着时间推移而不断累加的代码。无论是哪种情况，编程人员都希望能有一系列的实用工具，从而将更多的注意力集中到软件开发上，本书便提供了解决这些问题的实用性方法。

通过阅读本书，你将不断增长经验，了解复杂软件系统的运行原理，从而利用这些专业知识来改进实际操作的系统；你将学习如何将代码的复杂度放入易于理解、可以重用的封装类型装饰器中；你将确保代码按照功能整齐有序地组织起来，以便能够轻易地区分其功能。无论项目的新旧，这些工具都能够为你提供帮助。

    本书贯穿了很多实践经验，各个章节安排合理，相互借鉴，希望本书的出版能够为相关人士提供更多专业指导。

作 者 简 介

Dane Hillard 目前是 ITHAKA(一个高等教育领域的非盈利组织)的首席网页应用程序开发人员。他曾构建遥测数据的推理机和用于生物信息学应用的 ETL 管道。

Dane 最先涉足的编程领域包括为 MySpace 页面创建自定义样式，为 Rhinceros 3D 建模应用程序编写脚本，以及为 MS-DOS 游戏 Liero 定制皮肤和武器。他喜欢具有创造性的编码工作，并积极寻求一些方法，将他对音乐、摄影、食物和软件的热爱结合起来。

Dane 曾在 Python 和 Django 国际会议上发表过讲话，表示将继续努力下去，除非有人制止他这么做。

致　谢

本书的完成并不是我一个人的功劳。我对每位在每一个阶段、每一种能力上帮助过我的人深表感谢。我爱你们。

大多数参与过图书制作的人都会告诉你，成书的工作量总是比你想象得要多。在整个过程中，我听到了很多次，这肯定是一项艰巨的工作。然而，真正的困难是如何平衡所有额外的工作与当前的生活。

感谢我的伴侣 Stefanie：你的支持、鼓励和对我脾气的容忍是莫大的帮助，促成了本书的完成。谢谢你对我的疏忽毫不在意，在最艰难的时候把我从项目中解救出来。没有你，我不可能做到这一点。

感谢我的父母 Kim 和 Donna，他们总是能让我把精力集中在好奇心、创造力和同情心上。

感谢我亲爱的朋友 Vincent Zhang，你花了无数个晚上在附近的咖啡店编码。你见证了本书的诞生，你的笃定激励了我完成这件事。

感谢 James Nguyen，在你蜕变成为开发者的道路上坚持不懈。你代表了本书的读者，你的意见是无价的。我为你的成就感到骄傲。

感谢我在 ITHAKA 和其他地方的所有同事，感谢你们的投入和支持。感谢你们忍受了我这段时间的浮躁。

感谢编辑 Toni Arritola：感谢你的决心，推动我向更高质量的教学迈进。写作过程中充满了许多意想不到的障碍，但你给了我坚定的鼓励，谢谢你。

感谢技术编辑 Nick Watts：你的反馈把本书的内容从疯狂的漫谈变为令人信服的软件教学。非常感谢你的坦率和洞察力。

感谢 Manning 的 Mike Stephens 和 Marjan Bace 对本想法的支持，并相信我是它的守护者。感谢 Manning 的每一位员工，感谢你们孜孜不倦的工作，把我的想法变为现实。

感谢所有的评审者：Al Krinker、Bonnie Bailey、Burkhard Nestmann、Chris Wayman、David Kerns、Davide Cadamuro、Eriks Zelenka、Graham Wheeler、Gregory Matuszek、Jean-François Morin、Jens Christian Bredahl Madsen、Joseph Perenia、Mark Thomas、Markus Maucher、Mike Stevens、Patrick Regan、Phil Sorensen、Rafael Cassemiro Freire、Richard Fieldsend、Robert Walsh、Steven Parr、Sven Stumpf 和 Willis Hampton——你们的建议使本书更加出色。

在本书的最后，我要感谢所有对我有积极影响的人。我不指望自己能列出一份详尽无遗的名单，如有遗漏绝对是我本人的疏忽和局限，敬请谅解。感谢 Mark Brehob、Andrew DeOrio 博士、Jesse Sielaff、Trek Glowacki、SAIC(在我们小小的安娜堡办公室)的所有人、Compendia Bioscience 的所有人(和朋友)、Brandon Rhodes、Kenneth Love、Trey Hunner、Jeff Triplett、Mariatta Wijaya、Ali Spittel、Chris Coyier、Sarah Drasner、David Beazley、Dror Ayalon、Tim Allen、Sandi Metz，还有 Martin Fowler。

关于封面插图

本书封面插图的标题是 Homme Finnois 或 Finnish Man。该插图取自 Jacques Grasset de Saint-Sauveur(1757—1810)收集的不同国家的服装，名为 *Costumes de Différents Pays*，于 1797 年在法国出版。每幅插图都是手工绘制和着色的。丰富多样的 Grasset de Saint-Sauveur 的收藏品生动地提醒我们，200 年前世界上的城镇和地区在文化上是多么丰富。人们彼此隔绝，讲着不同的方言和语言。在街上或乡下，只要看他们的衣着，就很容易辨认出他们住在哪里，他们的职业或地位是什么。

从那时起，人们的着装方式发生了变化，当时如此丰富的地区差异也逐渐消失。现在很难区分不同大陆的居民，更不用说不同的城镇、地区或国家了。也许我们已经用文化多样性换取了更为多样化的个人生活，当然也换成了更加多样化和快节奏的科技生活。

在很难区分一本书和另一本书的时代，Manning 用书的封面来歌颂计算机行业的创造性和主动性，书的封面基于两个世纪前丰富多样的地区生活，并通过 Grasset de Saint-Sauveur 的画作重现生机。

关于本书

本书介绍了几个概念，几乎所有编程语言的软件开发人员都可以使用这些概念来提升工作。学完 Python 语言的基础知识之后，你将受益匪浅。

本书读者对象

本书适用于任何处于早期编程阶段的人。事实上，使用软件来补充其工作的非软件行业人士也可以从本书中找到价值。本书包含的概念将帮助读者构建更易于维护的软件，从而使软件更易于协作。

在自然科学学科中，重复性和起源是研究过程的重要方面。随着越来越多的研究开始依赖于软件，创建人们易于理解、更新和改进的代码已成为一个主要的考虑因素。但是大学课程仍然在追赶软件与其他学科的交叉点。对于那些在正式软件开发方面经验有限的人，本书提供了一套开发可共享、可重用软件的原则。

如果你在面向对象编程和领域驱动设计方面经验丰富，本书对你来说会有些初级。如果你对 Python、软件或软件设计比较陌生，那么本书会让你收获颇丰。

本书的结构：路线图

本书包括四部分，共 11 章。第 I 部分和第 II 部分除了阐释理念外，还提供了简短的例子和练习。第III部分建立在前面章节内容的基础上，并包含各种练习。第IV部分提供了更好地学习更多信息的策略，以及阅读本书后要尝试做什么的建议。

第I部分"为什么学习 Python"介绍了 Python 的成名史和软件设计的价值所在。

- 第 1 章介绍了 Python 近期的发展历程，以及为什么我喜欢开发 Python 程序。随后解释了软件设计，为什么它很重要，以及它如何体现在日常工作中。

第II部分"设计基础"介绍了支撑软件设计和开发的高级概念。

- 第 2 章介绍了关注点的分离，这是一项基本的活动，它为本书中的其他几个问题奠定了基础。
- 第 3 章解释了抽象和封装，展示了如何隐藏信息和为更复杂的逻辑提供更简单的接口来帮助你控制代码。
- 第 4 章介绍了需要考虑的性能，包括不同的数据结构、方法和工具，以帮助你构建快速应用程序。
- 第 5 章教你如何使用各种方法测试软件，内容涵盖单元测试和端到端测试。

第III部分"明确大型系统"将指导你使用所学的原则构建一个真正的应用程序。

- 第 6 章介绍了将在书中创建的应用程序，并为创建程序的基础提供练习。
- 第 7 章介绍了可扩展性和灵活性的概念，并提供了为应用程序添加可扩展性的练习。
- 第 8 章帮助你理解类继承，提供了关于何时何地使用它的建议。接下来的练习将检查你正在构建的应用程序中的继承。
- 第 9 章介绍了一些工具和方法，用来防止代码在开发过程中变得过于庞大。
- 第 10 章介绍了松耦合，提供了一些最终练习，以减少所构建应用程序中的耦合。

第IV部分"下一步学习什么"给出一些建议，告诉你下一步该怎么学，学什么。

- 第 11 章展示了我如何规划新的学习材料，并提供了一些学习领域，如果你有兴趣深入研究软件开发，可以尝试一下。

建议将本书从头到尾通读一遍，不过如果你很熟悉这些内容，可以选择跳过第Ⅰ部分和第Ⅱ部分中的章节。第Ⅲ部分最好按顺序阅读，这样就可以按顺序完成练习了。

如果你有需要，本书附录部分可以帮助你安装 Python：

- 附录介绍了应该安装哪个版本的 Python，以及人们在系统上安装 Python 的最常用方法。

关于代码

可以在 GitHub 上的书库中获得本书示例和练习的完整源代码(https://github.com/daneah/practices-of-the-python-pro)。或者，扫描本书封底的二维码进行下载。

本书中的所有代码都是用 Python 3 编写的，更具体而言，是为了使用 Python 3.7+。大多数代码都可以在早期版本上运行，不过可以考虑安装一个相对较新的 Python 版本与本书一起使用。

前　言

　　与我本人一样，Python 诞生于 1989 年 12 月。虽然我在过去三十年里已经取得了很大的成就，但是 Python 的成功显然更加显著。如今，越来越多的人使用 Python 来完成数据科学、机器学习等方面的有趣事情。自从学习了 Python，这门"万事俱备的第二好语言"实际上已经成为我完成很多事情的首选。

　　在密歇根大学电子工程和计算机科学系学习期间，我有过一段相当传统的编程经历。那时，课程主要集中在我第一次在学校外工作时继续使用的 C++和 MATLAB 编程语言上。我在下一个职位上开发了一些 shell 脚本和 SQL 脚本，用于处理生物信息学大数据。我也使用 PHP 从零开始在个人 WordPress 网站上完成工作。

　　虽然我得到了一些结果(在某些情况下很酷)，但所使用的语言没有一种能引起共鸣，我对此却毫无察觉。我认为编程语言仅仅是一种达到目的的手段，几乎没有机会让人感到它很有趣。大约是在这个时候，一个朋友邀请我和他一起参加 hackathon 项目来构建 Ruby 库。

　　我开始感到世界变得五彩缤纷，就连水果都尝起来更甜等多种美好的体验。Ruby 易于使用解释性语言和人性化的语法，这让我想起了一直在使用的工具。虽然我没有坚持使用 Ruby 太长时间，但我决定在个人网站的下一次迭代中尝试使用 Python 和 Django 网页框架。它给了我和 Ruby 框架一样的快乐和浅易的学习曲线，从此我再也没有走过弯路。

　　目前 Python 被广泛地认为是许多任务的首选语言，软件开发人员不需要再经历我所尝试的反复试验过程。进入软件行业的崭新的、有趣的途径也正在全面展开。尽管存在很多差异，但是希望我们都能分享在 Python 编程中找到的乐趣。希望本书能为你找到这种乐趣做出贡献。

　　来吧，在奇妙的 Python 之旅中，我遇到了不少惊喜。我想见证你建立一个网站、一个数据管道，或者是一个自动植物浇水系统。不管你喜欢什么，Python 都能给你提供支持。

目　录

第 I 部分　为什么学习 Python

第 1 章　Python 总览 ·········· 3

1.1　Python 是一种企业
　　 语言 ······················5
　　 1.1.1　时代在改变 ········5
　　 1.1.2　我喜欢 Python 的
　　　　　 原因 ··············5
1.2　Python 是一种教学
　　 语言 ·····················6
1.3　设计是一个过程 ·······6
　　 1.3.1　用户体验 ·········8
　　 1.3.2　你以前接触过的
　　　　　 情况 ···········9
1.4　设计更好的软件 ····· 10
　　 1.4.1　软件设计注意
　　　　　 事项 ········· 10
　　 1.4.2　"有机"增长的
　　　　　 软件 ········· 11

1.5　何时投资设计 ······· 13
1.6　新的开始 ············ 14
1.7　设计是平等的 ······· 15
1.8　如何使用本书 ······· 18
1.9　本章小结 ············ 19

第 II 部分　设计基础

第 2 章　关注点分离 ········· 23

2.1　命名空间 ············ 24
　　 2.1.1　命名空间和导入
　　　　　 语句 ········· 25
　　 2.1.2　导入的多重
　　　　　 面纱 ········· 27
　　 2.1.3　命名空间可避免
　　　　　 冲突 ········· 29
2.2　Python 中的分离
　　 层级 ················· 31
　　 2.2.1　函数 ········· 31
　　 2.2.2　类 ··········· 39
　　 2.2.3　模块 ········· 46
　　 2.2.4　包 ··········· 47

2.3　本章小结 ············· 49

第 3 章　抽象和封装 ········· 51

3.1　什么是抽象 ·········· 51

    3.1.1　"黑匣子" ······· 52

    3.1.2　抽象就像洋葱 ··· 53

    3.1.3　抽象即简化 ······ 56

    3.1.4　分解实现抽象 ···· 57

3.2　封装 ················· 58

    3.2.1　Python 中的封装

          构造 ············· 58

    3.2.2　Python 中的私有

          变量 ············· 60

3.3　试一试 ··············· 60

3.4　编程风格也是一种

    抽象 ················· 64

    3.4.1　过程式编程 ······ 64

    3.4.2　函数式编程 ······ 64

    3.4.3　声明式编程 ······ 66

3.5　类型、继承和

    多态性 ··············· 68

3.6　了解错误的抽象 ····· 70

    3.6.1　方枘圆凿 ······· 71

    3.6.2　智者更智 ······· 71

3.7　本章小结 ············· 72

第 4 章　设计高性能的

**　　　　代码·············· 73**

4.1　穿越时空 ············· 74

4.1.1　复杂度有点

       复杂 ···········74

4.1.2　时间复杂度 ······· 75

4.1.3　空间复杂度 ······· 79

4.2　性能与数据类型 ···· 81

    4.2.1　常量时间的数据

        类型 ···········81

    4.2.2　线性时间的数据

        类型 ···········82

    4.2.3　在数据类型上

        操作的空间

        复杂度 ··········82

4.3　让它能够运行，正确

    运行，快速运行 ····· 86

    4.3.1　让它运行 ·······86

    4.3.2　让它正确

        运行 ···········87

    4.3.3　让它快速

        运行 ···········90

4.4　工具 ················ 91

    4.4.1　timeit 模块 ·······92

    4.4.2　CPU 性能

        分析 ···········93

4.5　试一试 ·············· 95

4.6　本章小结 ············ 96

第 5 章　测试软件 ·········97

5.1　什么是软件

    测试 ··············· 98

5.1.1 软件是否按照要
　　　求运行 ··········· 98
5.1.2 功能测试
　　　剖析 ··········· 99
5.2 功能测试方法 ······· 100
5.2.1 手动测试 ······· 100
5.2.2 自动化测试 ···· 101
5.2.3 验收测试 ······· 101
5.2.4 单元测试 ······· 103
5.2.5 集成测试 ······· 105
5.2.6 测试金字塔 ···· 105
5.2.7 回归测试 ······· 106
5.3 事实陈述 ············· 107
5.4 使用 unittest 进行
单元测试 ············· 108
5.4.1 使用 unittest 测试
　　　组织 ··········· 108
5.4.2 使用 unittest 运行
　　　测试 ··········· 109
5.4.3 使用 unittest 编写
　　　第一个测试 ···· 109
5.4.4 使用 unittest 编写
　　　第一个集成
　　　测试 ··········· 113
5.4.5 测试替身 ······· 116
5.4.6 试一试 ········· 118
5.4.7 编写有趣的
　　　测试 ··········· 121

5.5 使用 pytest
测试 ··········· 121
5.5.1 使用 pytest 测试
　　　组织 ··········· 122
5.5.2 把 unittest 测试
　　　转换为 pytest ··· 123
5.6 超越功能测试 ······· 124
5.6.1 性能测试 ······· 124
5.6.2 负载测试 ······· 125
5.7 测试驱动开发：
入门 ··········· 126
5.7.1 测试驱动开发是
　　　一种心态 ······· 126
5.7.2 测试驱动开发是
　　　一种哲学 ······· 126
5.8 本章小结 ············· 127

第Ⅲ部分　明确大型系统

第6章　实践中的关注点
分离 ················· 131
6.1 命令行书签应用
程序 ················· 132
6.2 踏上 Bark 之旅 ······ 133
6.3 初始代码结构 ······· 134
6.3.1 持久层 ········· 136
6.3.2 业务逻辑层 ····· 148
6.3.3 表示层 ········· 153
6.4 本章小结 ············· 162

第 7 章　可扩展性和
　　　　灵活性 ·············· 163
7.1　什么是可扩展的
　　　代码 ·················163
　　7.1.1　添加新行为 ···· 164
　　7.1.2　修改现有
　　　　　行为 ········· 167
　　7.1.3　松耦合 ········· 168
7.2　解决僵化性 ·········170
　　7.2.1　放手：控制
　　　　　反转 ········· 171
　　7.2.2　细节决定成败：
　　　　　依赖接口 ······· 175
　　7.2.3　抵抗熵：稳健性
　　　　　原则 ········· 176
7.3　扩展练习 ············177
7.4　本章小结 ············182

第 8 章　有关继承的规则
　　　　(及例外) ·············· 183
8.1　过去编程中的
　　　继承 ·················183
　　8.1.1　银弹 ············ 184
　　8.1.2　继承的挑战 ···· 184
8.2　当前编程中的
　　　继承 ·················186
　　8.2.1　继承到底是为了
　　　　　什么 ··········· 186

　　8.2.2　可替代性 ········ 188
　　8.2.3　继承的理想
　　　　　用例 ·········· 189
8.3　Python 中的
　　　继承 ·················192
　　8.3.1　类型检查 ······· 192
　　8.3.2　超类访问 ······· 193
　　8.3.3　多重继承和方法
　　　　　解析顺序 ······· 194
　　8.3.4　抽象基类 ······· 198
8.4　Bark 中的继承和
　　　组合 ·················201
　　8.4.1　重构以使用抽象
　　　　　基类 ·········· 201
　　8.4.2　对继承工作进行
　　　　　最后的检查 ····· 203
8.5　本章小结 ············204

第 9 章　保持轻量级 ·········205
9.1　类/函数/模块应该
　　　有多大 ···············206
　　9.1.1　物理度量 ······· 206
　　9.1.2　单一职责 ······· 207
　　9.1.3　代码的
　　　　　复杂度 ·········· 207
9.2　分解复杂度 ·········212
　　9.2.1　提取配置 ······· 212
　　9.2.2　提取函数 ······· 215

9.3 分解类 ················218
　9.3.1 复杂度初
　　　　始化 ········· 218
　9.3.2 提取类和转发
　　　　调用 ············ 221
9.4 本章小结 ············226

第 10 章　实现松耦合 ·······227
10.1 定义耦合 ···········227
　10.1.1 结缔组织 ···· 228
　10.1.2 紧耦合 ······· 229
　10.1.3 松耦合 ······· 232
10.2 识别耦合 ···········235
　10.2.1 依恋情结 ···· 235
　10.2.2 散弹式
　　　　修改 ········· 237
　10.2.3 抽象泄漏 ···· 237
10.3 Bark 中的耦合 ·····238
10.4 寻址耦合 ···········241
　10.4.1 用户消息
　　　　传递 ········· 241
　10.4.2 书签持久性 ·· 245
　10.4.3 试一试 ······· 246
10.5 本章小结 ···········250

第Ⅳ部分　下一步学习什么

第 11 章　全力以赴 ········253
11.1 现在怎么办 ·········253
11.1.1 制订计划 ····· 254
11.1.2 执行计划 ····· 256
11.1.3 跟踪进度 ····· 257
11.2 设计模式 ···········259
　11.2.1 Python 设计模式
　　　　的起伏 ········ 261
　11.2.2 需要了解的
　　　　术语 ·········· 261
11.3 分布式系统 ········262
　11.3.1 分布式系统中的
　　　　故障模式 ····· 263
　11.3.2 寻址应用程序
　　　　状态 ·········· 263
　11.3.3 入门术语 ····· 264
11.4 进行 Python
　　 深潜 ················264
　11.4.1 Python 代码
　　　　样式 ········· 264
　11.4.2 语言特征是
　　　　模式 ········· 265
　11.4.3 入门术语 ····· 266
11.5 你已经了解的
　　 内容 ················266
　11.5.1 开发人员的
　　　　心得体会 ····· 267
　11.5.2 即将完结 ····· 268
11.6 本章小结 ···········269

附录 A　安装 Python ········ 271

A.1　我应该使用什么
　　　版本的 Python ·······271

A.2　"系统"Python ····272

A.3　安装其他版本的
　　　Python ················272

A.3.1　下载官方
　　　　Python ········ 272

A.3.2　使用 Anaconda
　　　　下载 ·········· 274

A.4　验证安装 ···········274

第 I 部分

为什么学习Python

开始学习新的主题时，最重要的是要考虑全局，要构思和集中你的理念。本书第 I 部分介绍 Python 在现代软件开发中的重要性，并提供一个框架，帮助你理解软件设计原则和实践在编程职业生涯中的价值。

无论你是刚接触编程的新手，正在寻找更适合你的编程语言，还是想提高自己的技能以处理更大的项目，本书第 I 部分都会让你相信 Python 是一个很好的选择。

第 *1* 章

Python总览

本章内容：
- 在复杂软件项目中使用 Python
- 熟悉软件设计的高阶过程
- 知道什么时候应该投资设计

很高兴你能阅读本书，这意味着你想在软件开发方面迈出下一步。也许你想进入软件行业，或者想用软件来辅助现有的工作，甚至或许你曾付费学习过编写软件。那么恭喜你，阅读完本书，你就可以成长为专业人士了！像专业人士一样编码意味着你只需要学习能帮助你长期构建和维护大型软件的概念和策略。

阅读本书，你将学会如何使用 Python 来帮助编写各种类型的脚本，从功能性脚本到复杂的软件均有涉及。本书将为你的软件开发奠定基础。

在编程职业生涯中，你可能会接触到复杂性不断增加的软件，可能包括随着时间的推移不断累加的代码，也可能是在不合时宜的场景中强加的一堆代码。

　　无论是上述哪种情况，你都希望能有一系列的实用工具，这样就可以将更多的注意力集中到软件上了。

　　阅读本书将帮你不断增长经验，了解复杂软件系统的运行原理，从而使用这些专业知识来改进系统。在构建这些系统之前，你将学习如何设想这些系统，以尽量减少意外和风险。阅读完本书，你将重获热情，为现在困惑或焦虑的事情找出解决方案。

　　你将学习如何将代码的复杂性放入易于理解、可重复使用的封装类型装饰器中。你将确保代码是按照它们的功能整齐有序地组织起来，以便能够轻易地区分其功能。无论项目的新旧，这些工具都能够为你提供帮助，使项目更高效！

　　我将使用 Python 作为本书中示例的载体。在很长一段时间，Python 都是我最喜欢的编程语言，希望它也成为你最喜欢的语言之一。如果你不知道 Python，请先花点时间多了解它。Naomi Ceder 所著的 *The Quick Python Book* 第三版(Manning，2018)便是很好的学习起点。

　　本书中的所有示例都是基于 Python 3 的最新版本编写的。强烈建议你在继续阅读本书前安装 Python 3。如果你需要有关安装过程的指导，请参阅本书后面的附录。

大分歧

　　你使用的是 Python 2 还是 Python 3？相当多的人仍在使用 Python 2，尽管 Python 3 早在 2008 年就已出现。在那时，Flo Rida 所唱的 Low 和 Alicia Keys 所唱的 No One 都高居音乐榜单榜首。

　　Python 3 中引入了几个向后不兼容的更改，时至今日，我们依然能感受到这些更改的影响。这些更改中的许多都已后传到 Python 2 的更高版本中，以简化转换。在大型项目中使用 Python 2 的开发人员需要克服一些障碍，但是似乎有些人已经养成了使用 Python 2 的习惯，更偏向于使用 Python 2。

如果你需要更多证据表明为什么 Python 是一种较好的语言选择，请继续阅读下文。

1.1　Python 是一种企业语言

Python 在历史上一直被视为脚本语言。软件开发人员对于它的性能和适用性存在着认识差异，从而更偏向使用其他语言来满足企业开发的需求，如 Java、C 语言或者 SAS 语言等。Python 过去只被应用于一些小型数据分析任务或个人工具等场合。

1.1.1　时代在改变

在过去几年里，那种认为 Python 不适合于企业使用的观念已经发生了巨大变化。如今，Python 几乎被应用于所有学科，从机器人学到机器学习再到化学领域均有涉及。Python 在过去十年中为一些最成功的互联网公司提供了动力，而且没有任何放缓的迹象。

1.1.2　我喜欢 Python 的原因

Python 令人感到新奇。与许多朋友和同事一样，我在学校里学到了大量的 C++知识，还对 MATLAB、Perl 和 PHP 等有所了解。我用 PHP 建立了第一个网站，甚至尝试过 Java Spring 版本。正如许多成功的公司所证明的, PHP 和 Java 在该领域都是非常有能力的语言，但由于某些原因，它们与我并不合拍。

我发现 Python 语法非常出色，这常常被认为是加速其流行的原因之一。与其他编程语言相比，它的语法更接近于书面英语，因此，对于那些不熟悉编程的人，以及那些不喜欢其他冗长语言的人来说，它更容易理解。我见过有人使用 Python 实现 print('Hello world!')时欣喜若狂的样子。即使现在，当我偶然发现标准模块中一个以前不知道的功能时，依然会产生这种惊喜的感觉。

Python 是可读的。这意味着即使对于经验丰富的开发人员来说，其开发速度也会更快。Instagram 工程师 Hui Ding 敏锐地指出，"性能速度不再是主要的担忧。加速上市的时间是关键。"[1]Python 能够支持快速原型设计，以及将软件固化为稳健、可维护的代码库。这就是我喜欢 Python 的原因。

1.2　Python 是一种教学语言

2017 年，Stack Overflow 发现，在高收入国家，与 Python 相关的问题占平台上总问题的 10%以上，超过了所有其他主要编程语言[2]。Python 是当今增长最快的编程语言，这也是它为什么能够成为一种便利的教学工具的原因。蓬勃发展的开发者社区和丰富的在线信息意味着 Python 仍然是未来几年值得选择的语言工具。

本书假定你对 Python 语法、数据类型和对象相关概念有基本的了解。你已经见过它，使用过它，但不需要用它来赢得奖项。任何人只要具有一点编程知识，并且有几小时的时间来学习和使用 Python，都应该能够理解本书的代码。通过学习本书，你将发现 Python 是一种更全面、更庞大的软件语言。也就是说，如果幸运的话，你在本书学到的知识将适用于你所选的任何语言。你会发现许多软件设计概念都已超越了任何特定的技术。

1.3　设计是一个过程

虽然"设计"一词通常是描述一个切实的结果，但设计的价值在于达到这个结果的过程。以时装设计师为例，他们的目标最终是设计出穿在顾客身上的衣服。然而，为了让设计师在下一个大趋势

---

[1] Michelle Gienow，"Instagram Makes a Smooth Move to Python 3"，*The New Stack*，http://mng.bz/Ze0j。这是一篇关于 Instagram 从 Python 2 到 Python 3 过渡的精彩文章。
[2] 参见 David Robinson 所写的"The Incredible Growth of Python," *Stack Overflow Blog*，http://mng.bz/m48n。

中跟上客户的品味，这其中涉及很多步骤和人员(见图 1-1)。

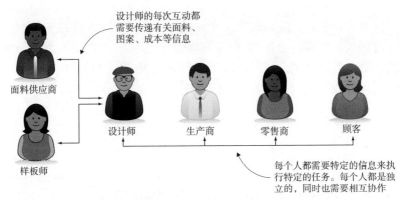

图 1-1 时装设计师的工作流。设计师和其他人一起完成这项工作

设计师通常与面料供应商合作，选出满足他们对外观、合身性和质地需求的合适面料。一旦他们设计出一件作品，就和样板师合作，制作出不同的尺寸。一旦生产出这些衣服，它们就会被送到零售店，顾客最终可以在那里买到衣服。这中间可能需要几个月的时间。

与时尚、艺术和建筑领域的设计一样，软件设计也是描绘一套系统的运作过程，这样才能得到最佳的效果。在软件设计方面，这些运作过程有助于我们了解数据流以及在这些数据上运行的系统的各个部分。图 1-2 显示了一个电子商务网站的工作流，概述了用户将如何完成这些步骤。

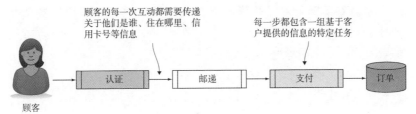

图 1-2 电子商务网站的工作流。系统执行许多活动来完成任务

想要在网上购买东西的顾客通常会登录网站，输入送货信息，然后付款。这就为公司创建了需要处理和发货的订单。这样的工作流需要大量的设计才能确定下来。运行这些系统的软件将要处理复杂的规则、错误状态检查等。而且它必须做到一点都不遗漏，因为顾客对错误很敏感。一旦出现错误，他们可能会放弃使用，甚至公开反对那些对他们来说效果不佳的产品。

1.3.1　用户体验

看起来简洁明了的工作流通常需要大量的工作。创建一个在所有用例中都能顺利运行的软件需要经过市场调查、用户测试和稳定的设计等过程。有些产品在预期的用例中运行得很好，但在发布之后可能会发现用户对产品做了完全出乎意料的事。可能是该软件可以在该用例中运行，但并未针对其进行优化。设计上可能存在不到位的地方，需要思考解决方案。

当软件运行良好时，我们几乎不会注意到有任何问题。软件产品的用户喜欢无障碍的体验，而软件开发人员也喜欢这种体验。要知道，使用未维护的代码可能会导致挫败感，而不知道如何修复它可能会更令人沮丧！

> **障碍**
>
> 想象一下你在当地的冰球场滑冰的情景。当你在 Zamboni(一款磨冰机)刚打磨的冰面上滑冰时，几乎不需要费什么力气。你可以稍微倾斜每一步，让溜冰鞋自由滑行。过了一段时间后，每个人的溜冰鞋都开始切冰了。滑行变得越来越困难，你必须使劲儿迈开每一步。
>
> 用户体验中的摩擦很像粗糙的冰。用户可能仍然能够完成他们想要做的事情，但这并不意味着它很有趣。无障碍的体验指的是引导用户轻轻松松完成工作，以至于他们几乎不会注意到自己是在工作。

假设你的任务是更新公司的报表软件。它目前在导出文件中使用逗号分隔值(comma-separated value，CSV)，但用户一直在谈论他们有多喜欢制表符分隔值(tab-separated value，TSV)。你认为，"我只需将输出函数中的分隔符更新为制表符而不是逗号！"现在想象一下，打开代码时发现输出行都是这样构建的：

```
print(col1_name + ',' + col2_name + ',' + col3_name + ',' + col4_name)
print(first_val + ',' + second_val + ',' + third_val + ',' + fourth_val)
```

　　要将输出从 CSV 更改为 TSV，必须确保将六个位置的逗号修改为制表符。这很容易造成错误。例如，也许你成功地修改了第一行输出标题中的逗号，但却忽略了第二行输出数据中的逗号。因此，为了增加更改代码的友好性，可以将分隔值存储在一个常量中，并在需要的地方使用它。还可以使用 Python 函数使得构建字符串更加容易。然后，当用户最终决定采用更喜欢的逗号时，可以在一个地方进行更改：

```
DELIMITER = '\t'
print(DELIMITER.join([col1_name, col2_name, col3_name, col4_name]))
print(DELIMITER.join([first_val, second_val, third_val, fourth_val]))
```

　　下面从一个高的角度静静地思考这个系统，你会注意到以前没有看到过的粗糙区域，或者意识到某些假设是不准确的。你会不止一次地给自己制造惊喜，这种启发可以激励你坚持下去。一旦再遇到类似的代码或者错误，你就可以很快确定应如何进行改正。这种方法是很有效的。

1.3.2　你以前接触过的情况

　　不管是否意识到，你几乎肯定在过去经历过一个设计过程。想想有一段时间你停止编写代码，重新审视代码试图实现的目标。注意到什么东西让你改变了方向吗？有没有发现更有效的实现方式？

　　这些小瞬间本身就是设计过程。你评估软件的目标和当前状态，并将它们结合起来，告知你接下来要做什么。在软件设计过程中，这些有意思的瞬间思考过程从长期来看非常有好处。

1.4   设计更好的软件

诚然，好的设计需要时间和精力，不能空穴来风。尽管理想状态是将设计思想嵌入到每天所做的开发工作中，但是在编写(或重写)代码之前的独立设计步骤是至关重要的。

规划一个软件系统将有助于你发现存在风险的领域。你可以识别敏感用户信息可能暴露的位置，还可以看到系统性能的瓶颈。

通过简化、组合或拆分系统的各个部分，可以节省时间和资金。当你孤立地观察一个组件时，这样做的优势很难确定，因为不清楚其他组件是否在做类似的工作。将系统作为一个整体来观察，可以让你重新组合并对改进方向做出明智的决定。

1.4.1   软件设计注意事项

我们经常考虑为"用户"编写软件，但是软件通常可以为多个用户服务。有时"用户"是使用软件所属产品的人，而有时"用户"则是试图开发软件附加功能的人。通常情况下，你是设计软件的唯一用户！通过从这些不同的角度看待软件，可以更好地确定要构建的软件的质量。

以下是一些用户用于评估所用软件的常见评价标准：

- 速度——软件尽可能快地完成工作。
- 完整性——软件使用或创建的数据不受损坏。
- 资源——软件有效地利用磁盘空间和网络带宽。
- 安全性——软件的用户只能读写他们被授权的数据。

此外，作为开发人员，以下是一些常见的评价标准：

- 松耦合性——软件的组件之间并不存在复杂的依赖关系。
- 直观性——开发人员可以通过阅读软件发现软件的原理及其工作原理。
- 灵活性——开发人员可以使软件适应相关或类似的任务。
- 可扩展性——开发人员可以添加或更改软件的某个方面而

不影响其他方面。

实现上述全部的性能往往涉及现实成本。例如，致力于提高软件的安全性可能意味着必须在开发上花费更多的时间。开发时间可能会增加开支，所以自然会导致更高的软件销售价格。有效的计划和对这些结果之间权衡的理解将有助于把成本降到最低。

编程语言通常不会直接解决这些问题。它们只是提供一些工具，使开发人员能够满足这些需求。例如，像 Python 这样的高级语言使得开发人员能够用类似于人类而不是机器的语言编写代码。另外，在内存使用方面 Python 还提供了自动回收保护机制。Python 在语法方面还为用户提供了高效的数据类型支持，第 4 章将对此进行详细介绍。

尽管如此，仍然有很多工作需要自己完成，因为即使是 Python 也无法预测开发人员可能会把事情搞砸的所有方式。这才是将系统作为一个整体进行认真设计和思考最有用的地方。

1.4.2 "有机"增长的软件

与当地农贸市场的农产品不同，"有机"增长的软件不是为你的健康着想。在软件环境中，一个随着时间的推移而"有机"增长的系统很可能是一个适合重构的系统。重构是指可以对代码进行更新迭代，这样可以使设计过程更容易，同时更快地实现。它可能涉及提高代码的性能、可维护性和可读性等。

正如本术语所暗示的，"有机"增长的软件已经成为一个有机体，具有完整的神经系统和独立的思想。实际上，其他软件可能已经被层层覆盖其中了(通常不止一次)，多年没用过的方法便不再奏效了，但其中有一个功能却完成了大约 150%的工作。选择何时重构一个这样的系统可能很困难，但经过这个阶段后，你就会惊喜地发现"这些软件还很实用！"

图 1-3 描述了一个电子商务站点的付款过程，其中包括以下几个重要步骤：

(1) 确定产品在库存中可用。

(2) 基于产品价格，进行小计。

(3) 基于购买地区，计算：

　　a. 税费；

　　b. 邮费和包装费。

(4) 根据目前的促销活动，计算所有折扣。

(5) 计算出总计。

(6) 处理付款。

(7) 完成订单。

在本系统中，一些步骤被清楚地分开。非常好！但是在中间的一个步骤中，似乎看起来所有与价格相关的逻辑都包含在其中。试想，如果在此过程中有一个 bug，那么很难确切地知道是哪个步骤包含了 bug。你可能会发现价格是错误的，需要筛选很多代码才能找出原因。此外，付款过程和完成订单也绑定在一起，如果出现支付问题，可能会出现成功付款却无法完成订单的情况，这会让顾客感到不满。

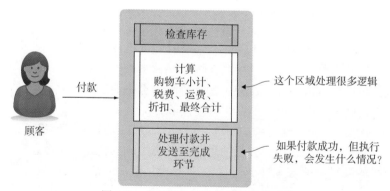

图 1-3　"有机"增长的电子商务系统

要使这个工作流更加稳健，最好的方法是拆分其逻辑步骤(见图 1-4)。如果每个步骤都由其自己的服务处理，那么每个步骤只需要关注其中一个部分。库存服务跟踪库存商品的数量。定价服务知道每种商品的成本和税费。如果将每一步都与其他步骤隔离开来，那么每一步都不太可能受到其他 bug 的影响。

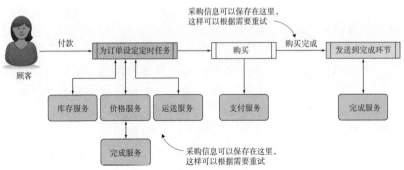

图 1-4　经过深思熟虑设计出来的电子商务系统

　　设计通常使你能够意识到一个系统的现有部分可以被分解得更简单。这种分解(decomposition)是接下来的章节中要更深入探讨的工具之一。请记住，这项工作几乎从未结束过，重构和重新设计代码的过程将不断发生。不过，通过学习并吸收本书所介绍的一些技巧，你会发现随着时间的推移，这些任务在给定的项目中变得更容易更快捷。不妨保持敏锐并发现改进现有代码的机会！

1.5　何时投资设计

　　我们倾向于集中精力开发新的软件来完成任务。但是随着项目的发展，直到代码妨碍了工作，我们才想起要对工作代码进行更新。有些代码经常会碍事，因此它们带来的麻烦比创造的价值更大。从这一点来看，该项目造成了技术债务，因为必须做额外的工作来保证效率。

　　一段粗糙的代码越是频繁地阻碍应用，处理它就越困难，你越要花更多的时间去清理混乱。这通常建立在系统已创建后的直觉基础上，但是有时你可以很早就发现端倪。

　　预先进行有目的的软件设计可以节省时间，并解决后顾之忧。当软件足够灵活，可以扩展到新的用例时，使用它是一种乐趣，所

以在编写一行代码之前将思考输入到系统中是保持生产率的好方
法。我喜欢把这看成一种技术投资，因为它把工作放在前面，以便
以后获得回报。

　　你可能遇到此类情况的一个地方是在框架(framework)中。框架
是一个大型代码库，可以作为实现某个目标的指南。框架可以帮助
你使网站看起来很棒，或者帮助你建立一个神经网络来检测视频中
的人脸。不管功能如何，框架都试图提供构建块，你可以使用它们
来制作自己的东西。一个框架要想有用，它必须足够灵活，能够处
理各种各样的用例，并且具有足够的可扩展性，使你能够编写最初
开发人员没有想到的新功能。Python 开发人员已经创建了许多框架，
例如：用于进行 HTTP 调用的 Requests；用于 Web 开发的 Flask 和
Django；用于数据分析的 Pandas；等等。在某种程度上，你所写的
大部分代码都是一个框架。它提供了一些有用的功能，能让你一次
又一次地使用，或者出于不同的目的不断地用到这些功能。在编写
代码时牢记这些事实将使你避免以自己的方式设置障碍。

　　无论是重新审视项目还是开始一个新项目，设计软件的过程都
是一项投资。我们希望这项投资的回报是产生能适应开发人员和顾
客需求的代码，而不引起过多开销或挫折感。有时候，有些代码的
性能很差，可能导致优秀的设计所需的时间和效果无法得到保障。
代码的使用或更新频率是重要的考虑因素，因为花费数周时间改进
一个在其生命周期中仅使用过一两次的脚本是不经济的。

1.6   新的开始

　　当你开始更加注意设计时，改进的机会变得势不可挡。有太多的
东西要学习和实践，所以试图一下子处理完所有设计并不有趣。将设
计概念一点点地吸收，直到它们成为你思维方式中的一部分，这种
过程是一种更加持续的通往成功的方法。本书每一章都会介绍一些
小的概念，你可以随时重温特定的章节来巩固学到的东西。

1.7　设计是平等的

到目前为止，你大部分时间可能都是自己在做项目。如果你编写的代码是类的一部分，那么你可能要自己编写所有剩余代码。在现实世界中，这种情况在大型项目中并不常见。在为商业用途编写软件的公司中，可能有几十个开发人员在开发一个产品。每个开发人员都有一套独特的经验，影响着他们的工作方式。这种多样性可以产生更稳健的软件系统，因为之前的 bug、失败和成功的经验都会为下一步工作指明方向。

从其他开发人员那里获取有效信息对你是有益的，尤其是在早期阶段。做事情很少只有一种方法，学习很多方法，了解其利弊，会让你有能力做出明智的选择，或者至少在所有其他事情都相同的情况下选择感觉最好的方法。有些方法对某个用例是有意义的，但对另一个用例却没有意义，因此多了解几个方法会提高效率。

如果你没有特权能够与活跃的开发团队合作，那么另一种方法是检查一些开源项目，从而了解软件协作的本质。寻找开发者关于如何完成某项任务不同(但又具有建设性)的讨论，思考一下在达成解决方案的过程中考虑了哪些因素。思考解决方案的过程通常比开发人员选择的特定解决方案更重要。这种推理和讨论能力将比了解特定算法更能帮助你克服困难。

应镇定自若

人们在编写软件时很容易忘乎所以。想一想当你为完成某件事而感到兴奋时，你可能急于看到代码的运作，在这种情况下，你通常很难坐下来仔细考虑如何编写完美的代码。

在使用小脚本或者做一些探索性的工作时，快速的反馈循环在保持高效方面是非常有价值的。我经常在 Python 的"读取-求值-输出"循环(Read-Eval-Print Loop，REPL)中做这类工作。

REPL

REPL，发音为 REH pull，是在终端输入 Python 时隐藏在>>>
后面的内容。它读取输入的内容，对其进行求值，打印出结果，并
等待所有操作再次发生(循环)。许多语言都提供了 REPL，因此开发
人员可以交互式地测试几行代码。

但要注意：在某些时候，来回地编写某行代码并查看它如何改
变程序的过程非常乏味。你需要在一个文件中编写更长的代码，并
使用解释器运行它。例如，对于代码的长度，每个人都有不同的阈
值；当我想重新使用以前写过的一行代码时，通常会达到我的阈值，
在我的编码职业生涯里，它是 15 行。

代码清单 1-1 中的示例展示了如何进行字典数据格式转换。如
果有一个字典将美国各州与其首府映射，你需要按字母顺序生成所
有首府的列表。方法如下：

- 从字典中获取城市值。
- 对城市值进行排序。

代码清单 1-1　按字母顺序获取美国各州首府

```
>>> us_capitals_by_state = {          ◀── 映射州名到首府
    'Alabama': 'Montgomery',              名的字典
    'Alaska': 'Juneau',
    ...
}
>>> capitals = us_capitals_by_state.values()    ◀── 只获取首
dict_values(['Montgomery', 'Juneau'])              府名
>>> capitals.sort()                      ◀── 排序方法只接受列表输入，
Traceback (most recent call last):           而获取的首府名不属于列
  File "<stdin>", line 1, in <module>        表，所以程序报错
AttributeError: 'dict_values' object has no attribute 'sort'
>>> sorted(capitals)       ◀── 新排序方法(sorted)接受该输入，
['Albany', 'Annapolis', ...]      返回新建的列表序列
```

本任务不算太糟，一路上只有一次失手。但是随着项目越来越

复杂以及代码难度增大，提前计划对进一步工作很有帮助。

从长远来看，一些深思熟虑的计划通常会节省时间，因为在开发的过程中不会出现"前进两步，倒退一步"的情况。如果提前做计划，可以养成一种好习惯，即在发生重构时，可以及时发现重构的机会。当我处于这种模式时，通常会在一个真正的 Python 模块中编写代码，即使我仍然在编写一个相当短的脚本。这鼓励我放慢脚步，在开发过程中牢记更大的目标。

在州首府代码的示例中，假设你在许多上下文中都需要州首府的列表。你可能需要在登记表、装运单或账单上填写。为了避免反复进行相同的计算，可以将该计算打包到一个函数中，并在需要时调用它，如代码清单 1-2 所示。

代码清单 1-2　在函数中包含各州首府逻辑

```
def get_united_states_capitals():
    us_capitals_by_state = {'Alabama': ...}
    capitals = us_capitals_by_state.values()
    return sorted(capitals)
```

该函数中的代码与代码清单 1-1 中的功能相同

现在你有了一个可重复使用的函数。查看这个函数，可以发现它对常量数据进行操作，但是每次调用它时都会进行一些计算。如果要在程序中频繁调用此函数，可进一步重构该函数以提高其性能。

事实上，该函数根本不是必需的。通过将结果存储在一个常量中以供后用，也可实现可重用性，并且只需进行一组计算，如代码清单 1-3 所示。

代码清单 1-3　重构代码显示了更简洁的解决方案

```
US_CAPITALS_BY_STATE = {'Alabama': 'Montgomery', ...}
US_CAPITALS = sorted(US_CAPITALS_BY_STATE.values())
```

同样是常量，不需要函数，只需引用"US_CAPITALS"

常量数据，定义一次

这样做的另一个好处是，可在不牺牲可读性的情况下将代码行数减半。

我们刚刚经历的从最初的问题陈述到最终解决方案的过程就是设计过程。随着不断进步，你可能会发现你可以更早地确定需要改进的方面。最终，你甚至可能决定开始绘制表示多个复杂软件部分的高级图表，并在编写任何代码之前使用图表来评估机会和风险。当然，并不是每个人都是这样工作的，因此你需要运用从本书学到的知识来使价值最大化。

此刻，你可能会有一种放弃以往的一切，重新开始项目的冲动，但别着急。阅读本书时，你会发现设计和重构软件的过程不仅是相互关联的，还具有两面性。做一件事往往意味着也做了另一件事，它们都是贯穿整个项目生命周期的连续过程。没有什么是完美的，人也不是完美的，所以应尽可能早地经常重新访问代码，特别是当你开始遇到障碍时。

不妨深呼吸并放轻松。还有很多事情要做。

1.8　如何使用本书

一般来说，本书从头到尾包含了很多实践经验。各个章节的安排十分合理，可以相互借鉴。后面的部分使用了前几部分的概念。在第III部分中，每一章都建立在第 6 章开始的软件项目的基础上。你可以随意浏览或跳过已经了解的内容，但要注意的是，你可能需要不时地翻到前面的章节。

大多数章节都有详细的介绍，让你把新的概念或实践融入软件开发过程中。如果某些章节的概念让你觉得特别有价值，可以把这些概念应用到你的项目中，直到灵活掌握。熟练掌握之后，可以继续阅读下一章节。

请注意，示例和练习的代码在本书的 GitHub 存储库中(https://github.com/daneah/practices-of-the-python-pro)，也可以扫描本

书封底上的二维码进行下载。此外，大多数源代码都用来检查练习的完成情况。如果你遇到困难或想验证解决方案的有效性，可使用现成的代码，但是建议在每个练习之前先自己努力尝试编码。

祝你编码快乐！

1.9　本章小结

- Python 在复杂的企业项目中与其他主要编程语言一样具有重要的影响力。
- 在所有编程语言中，Python 拥有增长最快的用户群之一。
- 设计不仅仅是你在纸上画的东西，它是你实现目标的过程。
- 预先设计是一项投资，它将在以后为你提供干净而灵活的代码。
- 在构建软件时需要考虑不同的受众。

第 II 部分
设计基础

　　有效软件的基础是有意识的设计，在设计软件的过程中，你会发现同样的几个概念会反复出现。本书第 II 部分将通过介绍这些软件设计的基础知识，详细讲解大型软件项目的诸多复杂内容。你将学习如何组织代码，提高代码效率，并测试代码是否按预期工作。

　　在阅读本书其余部分时，你将看到这些概念不时地被明确重申。看看你是否也能把学到的新内容与这些概念联系起来。经常重复的软件设计基础将会成为你日常工作的一部分，这也是你实践这些概念的最有效方式。

第 **2** 章

关注点分离

本章内容：

- 利用 Python 的特征对代码进行组织和分离
- 选择如何以及何时把代码分离成不同片段
- 分离代码中的粒度级别

将各种代码行为划分为较小的、可管理的片段，这是整洁代码的基石。整洁的代码要求编码人员在任何时候都要在头脑中保留较少的知识，让代码更为简洁，以便推理。意图明确的短小代码片段是实现代码整洁的关键，但代码片段不能任意分割。根据关注点来分离代码，则是一种行之有效的方法。

定义 关注点是软件处理中一种独特的行为或知识。从如何计算平方根到对电子商务系统中支付行为的管理，关注点在粒度方面各不相同。

本章将讨论在代码中用于分离关注点的 Python 内置工具，以及如何且何时使用这些工具。

注意   如果你还没有安装 Python，请先在计算机中完成安装，以便跟随本书的代码进行操作。本书附录部分涵盖了 Python 安装流程和最佳练习，因此，在继续阅读之前，请查看附录，一切就位后，再回到此处。切记，在 GitHub 中的本书资源库里，可以获得书中提及的示例和练习的所有源代码(https://github.com/daneah/practices-of-the-python-pro)。

2.1   命名空间

与许多编程语言一样，Python 通过命名空间(namespace)这一概念对代码进行分割。某一程序运行时，Python 会持续跟踪所有已知的命名空间和在这些命名空间中可获取的信息。

命名空间的作用体现在以下方面：

- 随着软件的开发，多个概念需要相似或相同的名称。命名空间有助于减少冲突，从而确保名称所指概念的明确性。
- 随着软件的开发，明确代码库中哪个代码已存在变得越来越困难。命名空间有助于编码人员对确实存在的代码位置进行合理推断。
- 当向大型代码库中添加新代码时，现存的命名空间能够引导新代码存储在适当位置。如果暂无明确的选择，则可能需要引入一个新的命名空间。

事实上，命名空间至关重要，还作为最后一条语句写进了《Python 之禅》(*The Zen of Python*)一书中(如果读者不了解该书，请打开 Python 解释器，输入 import this)。

"命名空间是一个绝妙的理念——我们应当多加利用！"

——《Python 之禅》

编程人员在 Python 中使用过的所有变量名、函数名和类名都来自一个或另一个命名空间。比如，X、total 或 EssentialBusiness-

DomainObject 等名称都意有所指。当 Python 的代码为 x = 3 时，这意味着将值 3 赋值给名称 x，那么之后就可以在代码中使用 x 了。"变量" (variable)则是指向一个值的名称，而在 Python 中，名称可指向函数、类等。

2.1.1　命名空间和导入语句

首次打开 Python 解释器时，内置的命名空间中充满了 Python 中构建的所有内容，这些命名空间包括 print()和 open()等内置函数。这些内置函数没有前缀，因此使用时无须任何特殊操作。在 Python 中，编码人员可在代码的任何位置使用这些内置函数。这就是著名且简单的 print('Hello world!')能在 Python 中运行的原因。

与一些语言不同，Python 中的代码不会明确地创建命名空间，但代码结构会影响命名空间类别的创建及其交互方式。例如，创建一个 Python 模块后会自动为该模块创建一个命名空间。在最简单的情况下，一个 Python 模块是一个扩展名为.py 的文件，其中包含了一些代码。比如，一个名为 sales_tax.py 的文件即为"sales_tax 模块"：

```
# sales_tax.py

def add_sales_tax(total, tax_rate):
    return total * tax_rate
```

每一模块都有一个全局命名空间，可以让模块中的代码自由访问。没有嵌套的函数、类和变量都在模块的全局命名空间中：

```
# sales_tax.py                    TAX_RATES_BY_STATE 位
                                  于模块的全局命名空间中
TAX_RATES_BY_STATE = {  ◄─────
    'MI': 1.06,
    # ...                              模块中的代码使用
}                                  TAX_RATES_BY_STATE
def add_sales_tax(total, state):        非常方便
    return total * TAX_RATES_BY_STATE[state] ◄─────
```

模块中的函数和类也有一个只能由该函数和类访问的本地命名

空间：

```
# sales_tax.py

TAX_RATES_BY_STATE = {
    'MI': 1.06,
    ...
}

def add_sales_tax(total, state):
    tax_rate = TAX_RATES_BY_S
    return total * tax_rate
```

tax_rate 仅位于 add_sales_tax() 的本地作用域中

add_sales_tax() 中的代码使用 tax_rate 非常方便

一个要使用来自其他模块的变量、函数或类的模块必须将其他模块导入自己的全局命名空间中。导入模块是将某一变量从别处引入该命名空间的一种途径。

```
# receipt.py

from sales_tax import add_sales_tax
```

add_sales_tax 函数被添加到全局命名空间 receipt 中

```
def print_receipt():
    total = ...
    state = ...
    print(f'TOTAL: {total}')
    print(f'AFTER TAX: {add_sales_tax(total, state)}')
```

add_sales_tax() 仍能识别出自身命名空间中的 TAX_RATES_BY_STATE 和 tax_rate

因此，要在 Python 中引用某一变量、函数或类，必须满足以下任一条件：

- 该名称位于 Python 的内置命名空间中。
- 该名称位于当前模块的全局命名空间中。
- 该名称位于代码当前行的本地命名空间中。

命名冲突的优先顺序是相反的：本地名称覆盖全局名称，全局名称覆盖内置名称。请记住这一点，因为通常来说，当前代码最具体的定义就是被使用的定义。具体如图 2-1 所示。

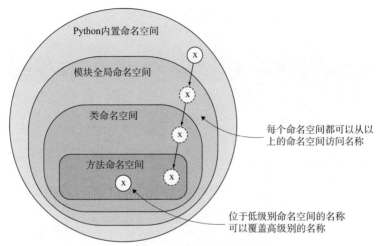

图 2-1　命名空间的特性

在 Python 探索之旅中，你可能见到过 NameError:name' my_var' is not defined 这样的错误。这是指该代码在任何已知命名空间中都没有找到名称 my_var。这通常说明编码人员从未给 my_var 赋值，或者意味着已在别处赋值，但并未将其导入。

模块是分割代码的好方法。如果你有一个大的 Script.py 文件，其中包含许多无关函数。不妨将这些函数放入各个模块。

2.1.2　导入的多重面纱

Python 的导入语法乍一看很直接，但对它有几种处理方法，每一种都会导致命名空间内的信息存在细微差异。之前，你已从 sales_tax 模块将函数 add_sales_tax()导入 receipt 模块：

```
# receipt.py

from sales_tax import add_sales_tax
```

本步骤将 add_sales_tax()函数添加至 receipt 模块的全局命名空间中。看起来很好，没什么问题，但想象一下，如果要将十多个函数添加到 sales_tax 模块中，并在 receipt 中使用，会发生什么？如果继续遵循此步骤，结果将如下：

```
# receipt.py

from sales_tax import add_sales_tax, add_state_tax, add_city_tax,
➥ add_local_millage_tax, ...
```

此处可使用一个替代语法加以改进：

```
# receipt.py

from sales_tax import (
    add_sales_tax,
    add_state_tax,
    add_city_tax,
    add_local_millage_tax,
    ...
)
```

这样做还不够。当需要大量来自其他模块的函数时，完全可以将该模块整体导入：

```
# receipt.py

import sales_tax
```

此操作将 sales_tax 模块添加至当前命名空间，并且其函数可与前缀 "sales_tax." 一起引用：

```
# receipt.py

import sales_tax


def print_receipt():
    total = ...
    locale = ...
    ...
    print(f'AFTER MILLAGE: {sales_tax.add_local_millage_tax(total,
➥ locale)}')
```

这样操作的好处在于避免了冗长的 import 语句，在下一节中你会明白前缀有助于避免命名空间冲突。

警告 Python 使编码人员能够使用 from themodule import *快速从模块中导入所有名称。不同于给名称加上前缀"themodule.",在代码中使用此方法十分简便。但请勿如此行事！这些通配符导入会导致名称冲突,并使问题难以调试,因为编码人员无法看见正在导入的特定名称。请坚持使用清晰明确的导入!

2.1.3 命名空间可避免冲突

通过从时间模块导入 timc()函数,可以在 Python 应用程序中获得当前时间:

```
from time import time
print(time())
```

输出如下:

```
1546021709.3412101
```

time()函数会返回当前操作系统的时间[1]。日期和时间模块也包含了一些名为 time 的内容,但存在一些不同:

```
from datetime import time
print(time())
```

此时输出如下:

```
00:00:00
```

此处的 time 实际上是一个类,调用该类则返回实例 datetime.time,该实例默认午夜时间(0 时、0 分等)。如果同时导入两者,结果是什么?

```
from time import time
from datetime import time      ←———— 现在几点了?
print(time())
```

---

1 要了解有关当前操作系统时间的解释,请参阅维基百科文章:https://en.wikipedia.org/wiki/Unix_time。

在定义不清晰的情况下，Python 会使用所知的最新定义。如果从一处导入 time，再从另一处导入另一个 time，Python 只会知道后者。如果不利用命名空间，代码中引用的是哪一个 time()将难以分辨，可能会导致使用错误的代码。这就是需要整体导入模块的原因所在：可以促使编码人员给来自模块的名称添加前缀，从而确保该名称的来源清晰明确。

```
import time
import datetime                    这里的时间所
now = time.time()                  指十分明确
midnight = datetime.time()      ———— 这里的时间引用也是唯一的
```

有时，名称冲突难以避免，即使是使用目前所知的工具也是如此。如果创建了一个名称与 Python 内置模块相同，或来自第三方资源库的模块，并且皆要在同一模块中使用，则需要花费更多精力加以说明。所幸的是，Python 中有一个关键字可应对。使用关键字 as，就可以在导入名称时将另一名称作为该名称的别名：

```
import datetime
from mycoollibrary import datetime as cooldatetime
```

现在，datetime 可以如期使用，而第三方 datetime 将被用作 cooldatetime。

如果没有足够令人信服的理由，就不要覆盖 Python 的内置功能，因此，最好的办法是避免使用与内置功能相同的名称，除非命名的目的就是要替代原有的名称。但是如果不了解整个标准库(估计大家都不了解)，这种情况还是会偶尔发生。只要把一个模块导入其他模块，就可以为该模块设置一个别名。但是建议对模块进行重新命名，并更新代码中的所有引用，从而使得导入名称与模块的文件名保持一致。

注意 在覆盖 Python 内置名称时，大多集成开发环境(integrated development environment，IDE)会发出警示，所以编码人员不会在误入的歧途中继续下去。

通过这些导入练习，你可以轻松地导入任何内容了。切记，从长远来看，模块名称前缀(如 time.和 datetime.)是有用的，因为命名空间冲突一定会发生。遇到名称冲突时，请深呼吸，保持信心，对导入语句进行重写，或创建一个别名，坚持走下去！

2.2　Python 中的分离层级

遵循"做一件事，并将其做好"这一操作系统的哲学[2]，是辨别分离关注点的方法之一。当代码中一个特定的函数或类与某个单一行为有关时，可将该行为独立出来。与此相反，如果某一行为在代码中不断重复或混杂，想在不影响甚至破坏其他行为的情况下，更新某一特定行为将变得困难。例如，许多网站上的函数可能依赖于那些当前经过身份认证用户的信息。

如果函数均进行身份认证检查，并自行获取有关用户的信息，那么当身份认证的细节发生改变时，函数也需要更新。这是一个浩大的工程，并且如果某一函数被遗漏，那么意料之外的事情就会发生，甚至会发生停止共同运作的情况。

正如 Python 中的命名空间存在粒度的层级划分，广泛的关注点分离亦是如此。这种层级的深浅划分并无固定的规则。有时，函数内部多次调用自身也是有意义的。切记，关注点分离的目标在于，将相似行为归为一组，同时将不同行为独立开来。

下一节将讲述 Python 中用于组织和保持关注点分离的结构工具。如果你已经对函数和类很了解了，可以跳过本节，直接阅读 2.2.3 节。

2.2.1　函数

如果你对函数不是很熟悉，可以回顾一下相关数学。数学函数就是公式，(在非 Python 语法中)呈现为 $f(x) = x^\wedge 2 + 3$ 等，将输入映

---

2 有关操作系统哲学原理的内容见维基百科文章：https://en.wikipedia.org/wiki/Unix_philosophy。

射到输出。输入 $x = 5$，则返回 $f(5) = 5^2 + 3 = 25 + 3 = 28$。在软件中，函数起到了相同的作用。给定一组输入变量，函数进行一些计算或转换，然后返回结果。

这种思考函数的方式自然而然地会产生软件中的函数一般都比较短小的想法。一个函数如果过长，或执行过多的任务，就难以进行描述，因而也难以命名。$f(x) = x^2 + 3$ 是 x 的二次函数，而 $f(x) = x^5 + 17x^9 - 2x + 7$ 的命名则比较困难。在软件中，将过多的概念混杂在一起就会导致代码的混乱，从而无法轻松命名。

小型函数是尝试分离代码时触手可及的首选工具之一。一个函数可封装几行代码，并为后续引用提供清晰的名称。创建一个函数不仅能更清楚地了解发生了什么，还可根据需要重用代码。Python 是这样实现这一点的：如果某人使用过 open() 打开文件，或使用过 len() 获取列表的长度，就已经利用了 Python 中重要的函数来封装和命名。

将问题分解为可管理的小块的过程称为分解(decomposition)。想象一朵蘑菇如何分解一棵倒下的大树，它将由复合分子构成的木头分解成更多基础物质，如二氧化氮和二氧化碳。这些物质将回到生态系统中再循环，代码也可以分解为函数，循环进入软件这个生态系统，如图 2-2 所示。

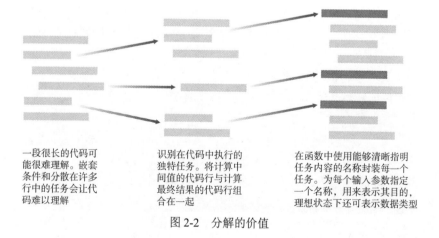

一段很长的代码可能很难理解。嵌套条件和分散在许多行中的任务会让代码难以理解

识别在代码中执行的独特任务。将计算中间值的代码行与计算最终结果的代码行组合在一起

在函数中使用能够清晰指明任务内容的名称封装每一个任务。为每个输入参数指定一个名称，用来表示其目的，理想状态下还可表示数据类型

图 2-2　分解的价值

　　假设要创建一个《三个臭皮匠》(Three Stooges，一部美国喜剧片[3])的粉丝网站。为创建主页，需要介绍这三个"臭皮匠"：拉里(Larry)、科雷(Curly)和摩尔(Moe)。给定演员名列表和喜剧的名称，代码会生成字符串'The Three Stooges: Larry, Curly, and Moe'。初始实现如下：

```
names = ['Larry', 'Curly', 'Moe']
message = 'The Three Stooges: '
for index, name in enumerate(names):
    if index > 0:
        message += ', '
    if index == len(names) - 1:
        message += 'and '
    message += name
print(message)
```

　　研究一番后，你会意识到演员表的顺序是不同的，并且要按每个顺序呈现一个准确的页面。你开始打算添加代码，与之前所做的工作一样：

```
names = ['Moe', 'Larry', 'Shemp']
message = 'The Three Stooges: '
for index, name in enumerate(names):
    if index > 0:
        message += ', '
    if index == len(names) - 1:
        message += 'and '
    message += name
print(message)

names = ['Larry', 'Curly', 'Moe']
message = 'The Three Stooges: '
for index, name in enumerate(names):
    if index > 0:
        message += ', '
    if index == len(names) - 1:
```

---

3 https://en.wikipedia.org/wiki/The_Three_Stooges。

```
        message += 'and '
    message += name
print(message)
```

这样做很有效，但一开始，原始代码不够整洁，并且出现了两组代码！将"介绍"这部分逻辑提取至函数中，可减少重复，并对代码进行命名，明确其所执行的任务：

```
def introduce_stooges(names):           ◄─── 提取的函数把演
    message = 'The Three Stooges: '          员名作为参数
    for index, name in enumerate(names):
        if index > 0:
            message += ', '
        if index == len(names) - 1:
            message += 'and '
        message += name
    print(message)
                                             同一函数可以用
                                             于多组演员名
introduce_stooges(['Moe', 'Larry', 'Shemp'])  ◄───
introduce_stooges(['Larry', 'Curly', 'Moe'])
```

现在，该行为有了明确的名称。如果想花点时间让代码变得更整洁，可以只关注 introduce_stooges 函数体。只要代码能够持续接受演员名列表，并且持续输出想要的"介绍"内容，就可以确信代码仍是有效的。[4]

当你愉快地完成了《三个臭皮匠》的粉丝页面制作后，还可以尝试为其他著名团体制作这样的页面。然而，当着手开始创建《忍者神龟》[5]粉丝页面时，一个问题出现了：introduce_stooges 函数只能介绍之前的"臭皮匠"们(或许你已经预料到了)。你会发现，该函数有两个关注点：

● 知道这是《三个臭皮匠》的介绍

---

4 有关函数提取(或其他有价值的练习)的更多内容，推荐阅读 Martin Fowler 和 Kent Beck 的著作 *Refactoring*，第二版(Addison-Wesley Professional, 2018)，https://martin-fowler.com/books/refactoring.html。

5 http://mng.bz/RPan。

● 介绍形如"臭皮匠"一样的演员名列表

如何解决这个问题？通过提取组名("三个臭皮匠""忍者神龟"等)作为函数的另一个参数，对函数进行泛化，以分离第一个关注点。

```
def introduce(title, names):          ← 从函数名中删除_stooges，
    message = f'{title}: '               并传入 title
    for index, name in enumerate(names):
        if index > 0:
            message += ', '
        if index == len(names) - 1:
            message += 'and '
        message += name
    print(message)
                                       调用函数时，组
                                       名传入其中

introduce('The Three Stooges', ['Moe', 'Larry', 'Shemp'])  ←
introduce('The Three Stooges', ['Larry', 'Curly', 'Moe'])  ←

introduce( 'Teenage Mutant Ninja Turtles',                 ←
    ['Donatello', 'Raphael', 'Michelangelo', 'Leonardo']
)
                                       不同组可用同一函数
                                       实现"介绍"功能
introduce('The Chipmunks', ['Alvin', 'Simon', 'Theodore']) ←
```

现在，该函数就能满足粉丝网站的要求了：函数只知道该组拥有一个组名和一些已命名的组员，并使用该信息进行介绍。当网站需要扩展时，函数能够简单地适应新组合。如果有一天需要改变组合的介绍方式，就可以使用 introduce()函数。

在把代码分解为函数后，得到的代码很可能会比原来更长。但是，如果根据代码的关注点小心分解代码，列出并显式命名正在发生的不同事件，就能发现代码在可读性方面有所改善。整体的代码长度并不是那么重要，真正重要的是单个函数和方法的长度。

为完美结束这一任务，还需对 introduce 函数进行一些操作。该函数的任务在于，从组名和成员名中形成一个介绍字符串。而该函数不需要知道这些名称连接在一起的具体方式(使用逗号或牛津逗号等)。我们也可以将其提取至一个特定的函数。

```
def join_names(names):  ◄───────   此函数仅处理名
    name_string = ''                  称的连接方式

    for index, name in enumerate(names):
      if index > 0 and len(names) > 2:
        name_string += ','
      if index > 0
        name_string += ''
      if index == len(names) - 1 and len(names) > 1:
        name_string += 'and'
       name_string += name
    return name_string
                                    此函数现在只知道
                                    介绍内容是标题，标
                                    题后跟连接的名称
def introduce(title, names):  ◄──────
    print(f'{title}: {join_names(names)}')
```

上述操作看起来像是多余的——introduce 函数并没有多做什么。然而，在每个关注点都被分离至一个函数的这种分解中，其价值会体现在日后的问题修复、功能添加及代码测试中。若连接名称时发现问题，找到代码行对 join_names 进行更改，会比代码中仅有一个 introduce 函数要容易。

大体来看，能够分离关注点的函数分解会实现更多突破性的改变。换言之，这些代码的更改更为精确，并且对周围代码的影响也最小。在这一项目过程中，可以节省大量时间。

我已提及过设计、重构的练习，现在，可以把分解和关注点分离的练习融入健康的迭代开发过程中了。一开始，这可能看起来像是在转盘子耍杂技，而不是处理代码，然而当深入到大型软件后，你会发现自己会常常利用这些练习。许多项目的寿命和成功与否都受代码质量的影响，而代码的质量则关乎编码的用心程度。请试着在起步阶段，将这些方式当作佐料一点点运用到开发过程中，那么最终这将成为项目最主要的成分。

1. 试一试

既然你已经有了提取函数的经验，下面看一看代码清单 2-1 中隐藏了哪些函数。该清单是一个石头剪刀布游戏的实现。建议在工作过程中常常运行该代码，确保代码行为的持续性。在代码清单 2-2 中，我已提取了一组函数示例。提示一下，我把原始代码分解成了六个函数。每个人所需的时长可能不同，但请记住，只留心那些仅有一个关注点的函数。

代码清单 2-1　劣质的过程代码

```
import random

options = ['rock', 'paper', 'scissors']
print('(1) Rock\n(2) Paper\n(3) Scissors')
human_choice = options[int(input('Enter the number of your
➥ choice: ')) - 1]
print(f'You chose {human_choice}')
computer_choice = random.choice(options)
print(f'The computer chose {computer_choice}')
if human_choice == 'rock':
    if computer_choice == 'paper':
        print('Sorry, paper beat rock')
    elif computer_choice == 'scissors':
        print('Yes, rock beat scissors!')
    else:
        print('Draw!')
elif human_choice == 'paper':
    if computer_choice == 'scissors':
        print('Sorry, scissors beat paper')
    elif computer_choice == 'rock':
        print('Yes, paper beat rock!')
    else:
        print('Draw!')
elif human_choice == 'scissors':
    if computer_choice == 'rock':
        print('Sorry, rock beat scissors')
```

```
    elif computer_choice == 'paper':
        print('Yes, scissors beat paper!')
    else:
        print('Draw!')
```

代码清单 2-2　具备提取函数的代码

```
import random

OPTIONS = ['rock', 'paper', 'scissors']


def get_computer_choice():
    return random.choice(OPTIONS)


def get_human_choice():
    choice_number = int(input('Enter the number of your choice: '))
    return OPTIONS[choice_number - 1]


def print_options():
    print('\n'.join(f'({i}) {option.title()}' for i,
➥ option in enumerate(OPTIONS,1)


def print_choices(human_choice, computer_choice):
    print(f'You chose {human_choice}')
    print(f'The computer chose {computer_choice}')


def print_win_lose(human_choice, computer_choice, human_beats,
➥ human_loses_to):
    if computer_choice == human_loses_to:
        print(f'Sorry, {computer_choice} beats {human_choice}')
    elif computer_choice == human_beats:
        print(f'Yes, {human_choice} beats {computer_choice}!')


def print_result(human_choice, computer_choice):
```

```
    if human_choice == computer_choice:
        print('Draw!')

    if human_choice == 'rock':
        print_win_lose('rock', computer_choice, 'scissors', 'paper')
    elif human_choice == 'paper':
        print_win_lose('paper', computer_choice, 'rock', 'scissors')
    elif human_choice == 'scissors':
        print_win_lose('scissors', computer_choice, 'paper', 'rock')

print_options()
human_choice = get_human_choice()
computer_choice = get_computer_choice()
print_choices(human_choice, computer_choice)
print_result(human_choice, computer_choice)
```

2.2.2　类

代码是由行为与日积月累的数据组成的。上文介绍了如何将行为提取至接受输入数据并返回结果的函数中。随着时间的推移，你可能会注意到，一些函数经常同时执行任务。如果将一个函数的结果传递到另一个函数再传递到另一个，或者一些函数经常需要相同的输入数据，从代码中提取出类或许就有意义了。

类是相关行为和数据的模板。通过使用类，能够创建对象(object)或类的实例，这些实例在类中定义数据和行为。数据成为了对象的状态(state)。在 Python 中，数据构成了对象的属性(attribute)，因为数据的产生归因于问题中的对象。行为成为了方法，一种特殊的函数，把对象实例作为额外的参数(Python 的开发人员一直称之为self)，允许方法访问或更改实例的状态。总之，属性和方法都是类的成员。

在许多语言中，类包含了一个构造函数(constructor)。构造函数是一个特殊的方法，用于创建类的实例。在 Python 中，_init_方法(一个初始化表达式)更为常用。当调用_init_时，类的实例已被构造，并且该方法设置了实例的初始状态。_init_至少接受一个参数，即

Python 开发人员所说的 self，这是对已创建实例的引用。一般来说，该方法接受任意额外的参数，用于设置初始状态。在 Python 中，创建类实例的语法与使用函数十分相似：使用类名而非函数名，参数则是_init_的参数(self 除外)。

再来看一下从石头剪刀布游戏代码中分解出的函数(详见代码清单 2-3)。发现了什么？所有的行为和数据都基于这三个选择和每个玩家的选择。一些函数使用了相同的数据，这些数据看起来似乎是有关联的。或许需要为该游戏添加一个类。

代码清单 2-3　再看看石头剪刀布的游戏代码

```
import random

OPTIONS = ['rock', 'paper', 'scissors']
def get_computer_choice():          函数使用 OPTIONS
    return random.choice(OPTIONS)   来确定玩家的选择


def get_human_choice():
    choice_number = int(input('Enter the number of your choice: '))
    return OPTIONS[choice_number - 1]



def print_options():
    print('\n'.join(f'({i}) {option.title()}' for i,
option in enumerate(OPTIONS)))
                                        几个函数模仿人
                                        类或机器的选择
def print_choices(human_choice, computer_choice):
    print(f'You chose {human_choice}')
    print(f'The computer chose {computer_choice}')

def print_win_lose(human_choice, computer_choice, human_beats,
human_loses_to):
    if computer_choice == human_loses_to:
        print(f'Sorry, {computer_choice} beats {human_choice}')
    elif computer_choice == human_beats:
```

```
        print(f'Yes, {human_choice} beats {computer_choice}!')

def print_result(human_choice, computer_choice):
    if human_choice == computer_choice:
        print('Draw!')

    if human_choice == 'rock':
        print_win_lose('rock', computer_choice, 'scissors', 'paper')
    elif human_choice == 'paper':
        print_win_lose('paper', computer_choice, 'rock', 'scissors')
    elif human_choice == 'scissors':
        print_win_lose('scissors', computer_choice, 'paper', 'rock')
```

人类和机器的选择
频繁地被传入

　　由于收集和输出不同模拟片段的关注点被很好地分离成了函数，因此编码人员可以放心考虑更高级的关注点分离。利用图 2-3
所示的类，可以将石头剪刀布游戏从代码的其他位置进行分离(或许
这是一个打造整个街机游戏的过程)。请注意 simulate()这个新方法，
它包含调用其他所有方法的代码。

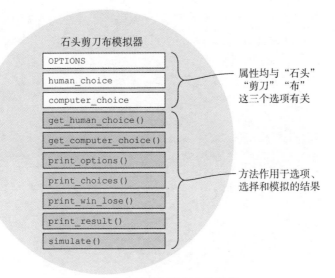

图 2-3　在类中封装相关行为和数据

刚开始可以先创建类定义，将函数移入方法，如代码清单 2-4 所示。切记，该方法将 self 作为第一个参数。

代码清单 2-4　将函数作为方法移入类中

```python
import random

OPTIONS = ['rock', 'paper', 'scissors']


class RockPaperScissorsSimulator:          # 方法需要参数 "self"
    def get_computer_choice(self):
        return random.choice(OPTIONS)

    def get_human_choice(self):
        choice_number = int(input('Enter the number of your choice: '))
        return OPTIONS[choice_number - 1]

    def print_options(self):
        print('\n'.join(f'({i}) {option.title()}' for i,
option in enumerate(OPTIONS)))
                                            # 已有参数的方法仍
                                            # 需要参数 "self"
    def print_choices(self, human_choice, computer_choice):
        print(f'You chose {human_choice}')
        print(f'The computer chose {computer_choice}')

    def print_win_lose(self, human_choice, computer_choice,
human_beats, human_loses_to):
        if computer_choice == human_loses_to:
            print(f'Sorry, {computer_choice} beats {human_choice}')
        elif computer_choice == human_beats:
            print(f'Yes, {human_choice} beats {computer_choice}!')

    def print_result(self, human_choice, computer_choice):
        if human_choice == computer_choice:
            print('Draw!')

        if human_choice == 'rock':
            self.print_win_lose('rock', computer_choice, 'scissors', 'paper')
        elif human_choice == 'paper':
```

```
        self.print_win_lose('paper', computer_choice, 'rock', 'scissors')
    elif human_choice == 'scissors':
        self.print_win_lose('scissors', computer_choice, 'paper', 'rock')
```

完成函数的移动后，创建一个全新的 simulate 方法来调用这些
函数。在类中，需要编写 self.some_method()以表示希望在类上调用
some_method 方法(与其他一些在命名空间中的函数不同)。请注意，
即使 some_method 在定义中带有参数 self，在调用时也请勿将其传
递给方法，Python 会将 self 自动传递给方法。simulate 将调用函数，
以确保模拟能够运行：

...

```
    def simulate(self):
        self.print_options()
        human_choice = self.get_human_choice()
        computer_choice = self.get_computer_choice()
        self.print_choices(human_choice, computer_choice)
        self.print_result(human_choice, computer_choice)
```

你可能注意到，即使类囊括了一切，但是数据也需要外部传入。
然而现在已经包含了一些内容，进行一些额外的更改变得容易许多。
可以创建一个初始化程序对类所需的属性进行设置，命名为
human_choice 和 computer_choice，默认值为 None：

...

```
    def __init__(self):
        self.computer_choice = None
        self.human_choice = None
```

现在，方法就能通过使用参数 self，而非通过外部传递来访问这
些属性。最终，就可以更新方法体，使用 self.human_choice 替代
human_choice，同时移除参数 human_choice。对 computer_choice 也
执行同样的操作。

代码分解如代码清单 2-5 所示。

代码清单 2-5　使用 self 访问属性

```python
import random
OPTIONS = ['rock', 'paper', 'scissors']


class RockPaperScissorsSimulator:
    def __init__(self):
        self.computer_choice = None
        self.human_choice = None

    def get_computer_choice(self):          # 方法可在 self 上设置属性
        self.computer_choice = random.choice(OPTIONS)

    def get_human_choice(self):
        choice_number = int(input('Enter the number of your choice: '))
        self.human_choice = OPTIONS[choice_number - 1]

    def print_options(self):
        print('\n'.join(f'({i}) {option.title()}' for i,
 option in enumerate(OPTIONS)))
                                    # 方法无需将属         # 方法可从
                                    # 性作为参数           # self 中读取
                                                          # 属性
    def print_choices(self):
        print(f'You chose {self.human_choice}')
        print(f'The computer chose {self.computer_choice}')

    def print_win_lose(self, human_beats, human_loses_to):
        if self.computer_choice == human_loses_to:
            print(f'Sorry, {self.computer_choice} beats {self.
 human_choice}')
        elif self.computer_choice == human_beats:
            print(f'Yes, {self.human_choice} beats {self.computer_
 choice}!')

    def print_result(self):
        if self.human_choice == self.computer_choice:
            print('Draw!')

        if self.human_choice == 'rock':
```

```
        self.print_win_lose('scissors', 'paper')
    elif self.human_choice == 'paper':
        self.print_win_lose('rock', 'scissors')
    elif self.human_choice == 'scissors':
        self.print_win_lose('paper', 'rock')

    def simulate(self):
        self.print_options()
        self.get_human_choice()
        self.get_computer_choice()
        self.print_choices()
        self.print_result()
```

在整个类中，将 self. 添加到属性引用需要做一些工作，但是大部分工作都已简化。尤其是方法的参数减少了，而方法 simulate 只是将其他方法连接到一起。另一项成果是，现在模拟石头剪刀布游戏的代码如下所示：

```
RPS = RockPaperScissorsSimulator()
RPS.simulate()
```

代码非常简洁，不是吗？该过程首先将一串代码分解到函数中以分离关注点；然后分组归入一个类以分离更高级别的关注点。现在，由于对相关数据和行为进行了细心挑选和组合，因此可以轻而易举地运用短小的表达式来调用其背后的工作成果。

当类的方法和属性紧密相连时，就可以称类具有高内聚性(conhesion)。当某个类的内容只有作为一个整体才能发挥作用时，该类就具有内聚性。我们都希望代码具有高内聚性，因为当类中的一切紧密相连时，关注点很可能是分离的。类的关注点太多，内聚性就比较低，因为这些关注点会使代码的意图模糊不清。通常来说，我只会在内聚性已经明晰时才会创建类，而有些代码已经通过它所包含的数据和行为显示出相关性了。

当一个类依赖于另一个类时，就称这些类是耦合的(coupled)。如果一个类依赖于另一个类的许多细节，以至于更改了一个类就需要再更改另一个类，那么这些类就是紧耦合。紧耦合(tight coupling)的成本高，因为要花费更多的时间来管理更改带来的波及效应。松耦合(loose coupling)是理想的结束状态。关于实现松耦合的策略，详见第 10 章。

　　一组具有高内聚性的类所达到的目的与一组明确的函数能达到的目的相同，都能表明意图，有助于查找已有代码，并能引导编码人员添加新代码。这些都有助于加快性能实现的进度，而不是要求编码人员花费大量时间自己探索。

2.2.3　模块

　　上文介绍了在 Python 中创建模块的基础知识：一个包含有效 Python 代码的.py 文件就已经是一个模块了！上文已提到过何时创建模块的问题，让我们再次回到这个问题上来。

　　在学习本章内容之前，你可能已经知道自己编写的大部分代码都位于 script.py 中的一个大型过程式 blob 中。如果你的注意力和我一样短暂，你或许已经从中提取出大量函数和类了。

　　尽管到目前为止，代码已被清楚地分离到命名好的函数、类和方法中，但代码还是位于 script.py。最终，单个文件提供的最小结构将不足以用合理的方式存储所有代码。你无法记住正在寻找的函数是位于第 5 行还是第 205 行。把代码分解为容易记住的行为类别才是正确的方式。

　　你识别出的关注点会很好地映射到应创建的模块上，在预测这些类别时应持保守态度。无论如何，这些类别在一开始都会频繁地更改，因为你脑海中的系统模型在不断发展和完善。然而，花点时间勾勒出你认为需要的东西，保持开放的心态，或许在以后，不同的结构会更有意义。最整洁的代码是还未编写的代码：每一行都增加了额外的认知负担。

　　模块在内部的代码周围创建了额外的结构，需要解释的是："这里的代码都是有关统计学的！"如果需要进行统计方面的工作，就要使用 import statistics 及现有的内容。如果要使用的内容已不在模块内，至少清楚应将其置于何处。难道有 500 行代码的 script.py 文件也是如此吗？也许是，但对长代码来说并非如此。

2.2.4　包

我已经称赞过了使用模块就能整洁巧妙地分离代码。那为什么还需要包呢？

请记住，关注点的分离是有层级的，因此名称冲突仍可能发生。假设一下，粉丝网站越来越受欢迎，那么现在就需要一个数据库和一个搜索页面进行整体跟踪。你已经编写了用于创建数据库记录的模块 record.py，以及用于查询数据库的模块 query.py：

```
.
├── query.py
└── record.py
```

现在需要编写一个用于创建搜索查询的模块。如何命名呢？search_query.py 或许比较合适，但为了清晰起见，将 query.py 重命名为 database_query.py 更合适：

```
.
├── database_query.py
├── record.py
└── search_query.py
```

如上所示，当两个模块的名称或概念发生冲突时，就已经超出了现有结构。通过将模块拆分为相关的组，包进一步添加了结构。在 Python 中，包只是一个包含模块(.py 文件)的目录和一个能告诉 Python 将该目录看作包(_init_.py)的特殊文件。该文件通常是空的，但能在更复杂的导入管理中发挥作用。比如，sales_tax.py 文件变成了"sales_tax 模块"，一个电子商务/目录变成了"电子商务包"(ecommerce package)。

警告　术语"包"也指能够从 Python 包索引(Python Package Index，PyPI)中安装的第三方 Python 库。在本书中，我会尽量在必要时消除歧义，但请注意，一些学习资源不会对其加以区分。

对于数据库和搜索模块，使用数据库包和搜索包是很有意义的。那么模块的前缀 database_ 和 search_ 将是冗余的，删除即可。

将代码的层级扩展至包，最终可以创建一个便于阅读和导引的良好结构。每个包都处理一个高级的关注点领域，包中的每个模块都管理一个较小的关注点领域。在每个模块中，类、方法和函数进一步阐明了应用程序的不同部分。

```
.
├── database
│   ├── __init__.py
│   ├── query.py
│   └── record.py
└── search
    ├── __init__.py
    └── query.py
```

以前需要编写 import query 来使用数据库查询模块，而现在只需要从数据库包中导入即可。可以编写 import database.query，但这要求使用 database.query 给来自模块的名称加上前缀，或者可以编写 from database import query。如果仅是在某一特定模块中使用数据库代码，编写 from database import query 会更胜一筹。但如果要在模块中同时使用新的搜索查询代码和数据库代码，必须消除名称的歧义，最好保留前缀：

```
import database.query
import search.query
```

还可以使用 from 语法，为每个模块设置别名：

```
from database import query as db_query
from search import query as search_query
```

别名的设置可能过于冗长，并且如果命名不当，有时完全让人困惑。要尽量少用，以免命名冲突。

可在类似于创建初始包的过程中嵌套包。用文件_init_.py 创建一个目录，将模块或包放入其中：

```
.
└── math
    ├── __init__.py
    ├── Statistics
    │   ├── __init__.py
    │   ├── std.py
    │   └── cdf.py
    └── calculus
    │   ├── __init__.py
    │   └── integral.py
    └── ...
```

在此例中，所有的数学代码均位于数学包中，每一个数学子域都有自己的分包，其中包含模块。如果希望查看计算积分的代码，就可以猜出代码位于 math/calculus/integral.py 中。而随着项目规模的发展，包能导引至代码可能位置的这一能力将变得非常重要。

导入积分模块的操作同上，可使用额外的前缀以获得感兴趣的模块：

```
from math.calculus import integral
import math.calculus.integral
```

请注意，from math import calculus.integral 是无效的。你只能使用 import ...导入以点分隔的全路径，或者使用 from ... import ...导入单个名称。

2.3　本章小结

● 要让代码可理解，分离关注点是关键。许多设计概念都直接基于这一原则。

- 函数从过程代码中提取命名的概念。清晰和分离是提取的首要目标，能重复使用是次要好处。
- 类将紧密相连的行为和数据分组到一个对象中。
- 在保持关注点分离的情况下，模块将相关类、函数和数据归为一组。从其他模块中显式地导入代码能让"哪里有什么代码"的情况清楚呈现。
- 包有助于创建模块的层级，从而有助于命名和定位代码。

第 *3* 章

抽象和封装

本章内容：
- 理解抽象在大型系统中的价值
- 将相关代码封装至类中
- 在 Python 中运用封装、继承与组合
- 了解 Python 中的程序设计风格

如前一章所述，将代码组织成函数、类和模块是分离关注点的好方法，但是也可以使用这些技术来分离代码中的复杂性。因为要一直记住软件的每个细节是十分困难的。本章将介绍抽象和封装的使用，以在代码中创建不同级别的粒度，如此一来，只需要在必要情况下对细节进行考虑。

3.1 什么是抽象

说到"抽象"(abstract)一词，你会想到什么？通常，我的脑海

里会闪过 Jackson Pollock(美国抽象表现主义绘画大师)的绘画和
Alexander Calder(美国雕塑家)的雕塑。抽象艺术的特点不受具体形
式的限制，往往只涉及特定的主题。抽象就是把具体的东西剥离出
来的过程。当涉及软件中的抽象时，这一定义完全匹配!

3.1.1 "黑匣子"

开发软件时，"黑匣子"的部分概念会代替整个概念。当完成对
某一特定功能的开发时，例如，出于预期目的，黑匣子能够在开发
人员不用过多考虑其运行原理的情况下反复使用。从这层意义上来
说，该功能就已经是一个黑匣子了。黑匣子是一种"可运行"的计
算或行为——不必在每次使用时打开或进行测试操作(见图 3-1)。

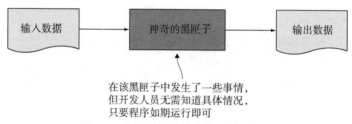

图 3-1　将运行的软件当作黑匣子处理

假设正在搭建一个自然语言处理系统，该系统能确定某一产品
评价是好评、差评还是中评。打造这样一个系统需要很多步骤，如
图 3-2 所示:

(1) 将评论分解成句子。

(2) 将每句话分解成单词或词组，该步骤被称为标记(token)。

(3) 将变形单词简化为该词词根，该步骤被称为词形还原
(lemmatization)。

(4) 确定句子的语法结构。

(5) 通过将其与人工标注训练数据对比，计算内容的极性。

(6) 计算总体极性梯度。

(7) 为产品评价做出好评、差评或中评的最终判断。

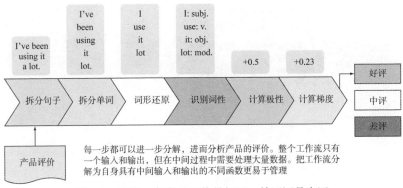

图 3-2　确定一条产品评价是好评、差评还是中评

在确定评价倾向的工作流中，每一步都由多行代码构成。通过将代码分成"分解成句子"和"确定语法结构"等概念，理解整个工作流将比一次性理解所有代码要容易得多。如果有人想知道工作流中某一特定步骤的具体代码，就可以有选择性地深入了解。对实现进行抽象的想法有助于人们的理解，也方便进一步在代码中形式化，以产生更稳定的结果。

第 2 章介绍了如何确定代码的关注点和如何将代码抽象为函数。只要输入和返回数据的类型保持一致，将一个行为抽象为函数可以让你自由更改函数计算的方式。这意味着如果发现了漏洞，或找到了实现计算更快或更精确的方法，就可以在不更改其他代码的情况下替换该行为，这为软件的迭代提供了灵活性。

3.1.2　抽象就像洋葱

如图 3-2 所示，工作流中的每个步骤通常表示一些较低级别的代码。然而，其中一些步骤相当复杂，比如确定句子的语法结构。这样的复杂代码常常受益于抽象层。低级别实用程序支持较小行为，而小行为又支持更多复杂的行为。因此，在大型系统中编写和读取代码常常像在剥洋葱，不断露出下层更小、更紧密的代码片段(见图 3-3)。

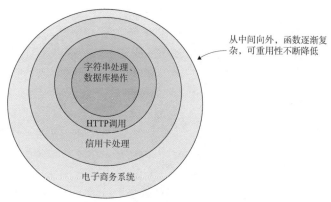

图 3-3　抽象在复杂层中发挥作用

　　被反复使用的较小且集中的行为位于较低级别的层中，且需要时常进行更改。随着向外推进，较大的概念、商业逻辑和复杂的移动部分开始呈现。由于需求在更改，对它们的更改更为频繁，但仍然可以利用较小行为。

　　在起步阶段，通过编写一个很长的过程式程序来完成工作是很常见的。这在原型开发时很有效，但当有人需要阅读整整 100 行代码才能确定要在何处进行更改或修复漏洞时，就会暴露出程序难以维护这一问题。利用语言特性进行抽象这一方法，可以更轻松地确定相关代码。在 Python 中，函数、类和模块等功能有助于行为的提取。下面介绍在 Python 中如何使用函数来帮助实现评价者情感分析的前两个步骤。

　　查看代码清单 3-1 中的代码，你可能会注意到某些相似的工作做了两次——将一个字符串按句子拆分和将每个句子按单个单词拆分，这两项工作十分相似。每一步骤都进行了相同的操作，只是输入不同，这常常是将行为分解为函数的机会。

代码清单 3-1　把一个段落分成句子和标记的过程

```
import re

product_review = '''This is a fine milk, but the product
```

将产品评价作为字符串处理

```
line appears to be limited in available colors. I
could only find white.'''
```
用句号匹配整个句子的结束

```
sentence_pattern = re.compile(r'(.*?\.)(\s|$)', re.DOTALL)
matches = sentence_pattern.findall(product_review)
sentences = [match[0] for match in matches]
```
在评价中查找所有句子

findall 返回(句子、空格)对的列表

```
word_pattern = re.compile(r"([\w\-']+)([\s,.])?")
for sentence in sentences:
    matches = word_pattern.findall(sentence)
    words = [match[0] for match in matches]
    print(words)
```
得到每个句子的所有单词

匹配单个词

如你所见，寻找 sentences 和 words 的过程是相似的，与之匹配的模式是区别特征。同时，也要谨慎处理好一些会使代码混乱的逻辑(比如处理 findall 的输出)。如果只大致浏览，该代码的意图就可能不够明显。

注意　在实际的自然语言处理过程中，拆分句子和单词是十分困难的，因此对其进行解析的软件通常使用概率建模(probabilistic modeling)来确定结果。概率建模通过大量输入测试数据来大致确定特殊结果的正确性。结果或许并非总是相同的！自然语言很复杂，这在尝试使计算机理解它们的过程中即显现出来。

抽象是如何帮助改进句法分析的呢？在 Python 函数的辅助下，可以对该过程稍作简化。在代码清单 3-2 中，模式匹配被抽象到 get_matches_for_pattern 函数中。

代码清单 3-2　重构后的句法分析

```
import re

def get_matches_for_pattern(pattern, string):
```
应用新函数进行模式匹配

```
    matches = pattern.findall(string)
    return [match[0] for match in matches]


product_review = '...'

sentence_pattern = re.compile(r'(.*?\.)(\s|$)', re.DOTALL)
sentences = get_matches_for_pattern(      ◄
    sentence_pattern,
    product_review,
)

word_pattern = re.compile(r"([\w\-']+)([\s,.])?")
for sentence in sentences:
    words = get_matches_for_pattern(      ◄
        word_pattern,
        sentence
    )
    print(words)
```

现在可以让函数执行困难的任务了

现在可以在需要时重复使用该函数

在更新后的解析代码中，评论被分成了几部分，这样代码变得更为清晰了。有了合理命名的变量和清晰简短的 for 循环，过程的两级结构也清晰了。之后查看该代码的人将能轻松读取主要代码，只有那些好奇或要更改 get_matches_for_pattern 代码的人，才会对其工作原理进行深入研究。在该程序中，抽象让代码具有了更高的清晰度和重用性。

3.1.3　抽象即简化

在此想强调的是，抽象有助于让代码更容易理解。通过隐藏一些复杂的函数可以实现这一目标，这些复杂的内容只有当人们想要深入了解时才会显现。这是在编写技术文档以及设计用于和代码库进行交互的接口时会使用的一个技巧。

理解代码与理解书中的一篇文章十分相似。一篇文章有许多句子，正如代码中有很多行。在任何给定的句子中，可能会出现不熟悉的单词。在软件中，这可能是一行服务于新功能或不同功能的代

码，而非开发人员熟悉的代码。在书中发现这样的单词时，你或许
会查词典。而在处理冗长代码的过程中，你要依靠细致详尽的代码
注释。

一种处理方式是将一些相关代码提取到能指明用途的函数中，如
代码清单 3-1 和代码清单 3-2 所示。函数 get_matches_for_pattern 从字
符串获取给定模式的匹配项。然而在更新前，代码的意图仍不明显。

提示 在 Python 中，可使用文档字符串(docstring)在模块、类
或函数中添加额外的上下文。文档字符串是接近这些构造开头位置
的特殊代码行，可告诉代码阅读者(以及一些自动化软件)代码的表
现形式。有关文档字符串的更多内容可参考维基百科
(https://en.wikipedia.org/wiki/Docstring)。

抽象减轻了认知负荷，即节省了大脑思考或记忆某件事情所需
的工作量，因此可以抽出时间来确保软件完成了该完成的任务!

3.1.4 分解实现抽象

如第 2 章所述，分解是将某物分离为各个组成部分的操作。在
软件中，这意味着执行前面你看到的操作：将执行单个操作的代码
段分离到函数中。事实上，这一操作也与第 1 章所述的设计与工作
流有关。其中的共同主题是，与在二进制大对象中编写软件相比，
小部件中编写的软件(串联运行)常常会使代码更易于维护。你会发
现这有助于减少认知负荷并使代码更易于理解。图 3-4 展示了为完
成任务分解大型系统的全过程。

从左往右，这些部分是如何变小的？如左边一样将一些大东西
放在一起就像把整个房子打包进一个集装箱中。建造像右边这样的
东西就像把房子的每个房间整理成可携带的小盒子。分解有助于以
小增量的方式处理大想法。

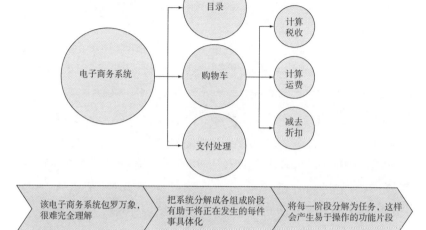

图 3-4   分解成粒状成分有助于理解

3.2   封装

封装(encapsulation)是面向对象编程的基础。它使分解更进一步：分解是将相关代码分组为函数，而封装则是将相关函数和数据分组为更大的构造，该构造充当了通向外部世界的屏障(或容器)。Python 中有哪些可用的封装构造？

3.2.1   Python 中的封装构造

多数情况下，Python 中的封装是通过类来完成的。在类中，函数变成了方法(method)：方法类似于函数，但都包含在一个类中，并且接收的输入常常是类的实例或类本身。

在 Python 中，模块(module)也是一种封装形式。模块甚至比类更高级，可将多个相关的类和函数分为一组。例如，处理 HTTP 交互的模块可以包含用于请求和响应的类，以及用于解析 URL 的实用函数。大多数*.py 文件都可看作模块。

在 Python 中，最大的可用封装是包(package)，能将相关模块封装至目录构造中。包常常分布于 Python 包索引(Python Package Index,PyPI)，以便进行安装和重用。

如图 3-5 所示，购物车的不同部分被分解成了一些具体的活动。这些活动之间也是独立的，在执行任务时相互之间无依赖关系。任何活动间的协作都是在购物车这个更高一级的层面上完成。购物车在电子商务应用内也是独立的，所需的任何信息都可传入其中。可以把封装的代码想象成有城墙围着的城市，而函数和方法就是用于进出城市的吊桥。

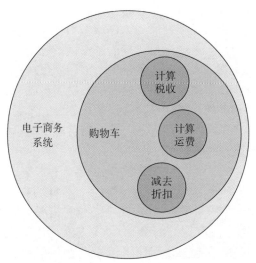

图 3-5　通过将系统分解为较小部分，可将行为和数据封装到独立的部分中。封装可以减少代码中任何给定部分的职责，有助于避免复杂的依赖关系

你认为，这些部分可能是
- 方法？
- 类？
- 模块？
- 包？

其实，计算税收、计算运费和减去折扣这三个最小的部分可以

表示购物车的类中的方法。电子商务系统似乎有足够的功能可以作为一个包，因为购物车只是该系统的一部分。基于不同模块联系的紧密程度，不同的模块会在包中出现。但如果模块都被城墙包围，要如何进行协作呢？

3.2.2　Python 中的私有变量

通过引入"私有变量"(privacy)这一概念，许多语言都将封装的"城墙"概念形式化。类可以拥有私有方法和仅能被类的实例获取的数据。这与公共方法和数据相反，公共方法和数据通常指类的接口，因为这是其他类与之交互的方式。

Python 并没有真正支持私有方法或数据。相反，它遵循这样的哲理，即信任开发人员会做出正确的事情。不过，在这一领域，一个通用的约定的确有所帮助。用于类内部而非来自外部的方法和变量通常以下画线作为前缀，这为之后的开发人员做了提示，即特定的方法或变量将不作为类的公共接口的一部分。第三方软件包经常在其文档中明确声明，这些方法可能会随着版本的不同而改变，因此不应完全依赖这些方法。

第 2 章已介绍了类之间的耦合，而松耦合是理想的状态。一个特定的类依赖于另一个类的方法和数据越多，彼此的耦合程度就越高。当一个类依赖于另一个类的内部构件时，这种情况会被放大，因为这意味着在不破坏其他代码的情况下，大多数类无法单独进行改进。

抽象和封装常合起来使用，将相关的功能组合在一起以及隐藏与其他任何代码无关的部分。有时，这个过程被称为"信息隐藏"，本过程可以让类(或整个系统)的内部实现快速更改，而不必对其他代码进行同步更改。

3.3　试一试

我准备了一些有关封装的练习。假设你现在要编写代码，用于向网店的新顾客打招呼。打招呼的内容包括对顾客表示欢迎，并让顾客在此处逗留。要编写一个包含单个类的 Greeter 模块，有以下三个方法：

(1) _day(self)——返回当前日期(如 Sunday)。

(2) _part_of_day(self)——如果当前时间在中午 12 点以前，返回 morning；如果当前时间为 12 点或下午 5 点以前，返回 afternoon；如果当前时间为下午 5 点以后，返回 evening。

(3) greet(self, store)——给定店铺名称 store 和前两个方法的输出，显示如下形式的消息：

```
Hi, my name is <name>, and welcome to <store>!
How's your <day> <part of day> going?
Here's a coupon for 20% off!
```

_day 和 _part_of_day 方法可表示为私有方法(命名以下画线开头)，因为 Greeter 类需要实现的功能仅为显示 greet。此方法有助于封装 Greeter 类的内部构件，因此其中唯一的公共关注点就是执行问候这一功能。

提示　可以使用 datetime.datetime.now()来获得当前日期对象，使用.hour 属性获得一天中的时间，使用.strftime('%A')获得当前为周几。

如何实现？解决方案应类似于以下示例。

代码清单 3-3　生成网店问候功能的模块

```
from datetime import datetime


class Greeter:
    def __init__(self, name):
        self.name = name
                              ┤ 对日期进行格式化，以获
                                得当日的日期
    def _day(self):  ◀────
        return datetime.now().strftime('%A')
```

```
def _part_of_day(self):
    current_hour = datetime.now().hour
```

基于当下时刻确定现
在为当日哪个时段

```
    if current_hour < 12:
        part_of_day = 'morning'
    elif 12 <= current_hour < 17:
        part_of_day = 'afternoon'
    else:
        part_of_day = 'evening'

    rcturn part_of_day
```

使用所有计算位
来输出问候语

```
def greet(self, store):
    print(f'Hi, my name is {self.name}, and welcome to {store}!')
    print(f'How\'s your {self._day()} {self._part_of_day()} going?')
    print('Here\'s a coupon for 20% off!')
```

...

Greeter 可以输出所需消息，如此来看一切都在正常运行，不是吗？然而仔细观察，会发现 Greeter 所做的工作太多了。Greeter 应只对人们打招呼，而不应负责日期和时间的确定！该封装不够完美，如何改进？

重构

　　封装和抽象常常是迭代的过程。当你编写更多代码时，之前有意义的构造可能会显得笨拙或勉强。我可以保证，这是完全自然的过程。如果觉得代码无法如己所愿，这可能意味着要进行重构 (refactor)。重构代码意味着更新构造，以更有效地满足需求。重构时，经常要更改表示行为和概念的方式。移动数据和实现是改进代码的必要环节，这和隔几年就重新布置一下客厅来适应当下的心情很相似。

　　现在，通过移动方法，来获得 Greeter 类的日期和时间信息，并在模块内独立运行的函数，进行 Greeter 代码重构。

当这些函数是方法时，它们从来没有使用过 self 参数，所以看起来差别不大，区别是这些函数没有 self 参数：

```
def day():
    return datetime.now().strftime('%A')


def part_of_day():
    current_hour = datetime.now().hour

    if current_hour < 12:
        part_of_day = 'morning'
    elif 12 <= current_hour < 17:
        part_of_day = 'afternoon'
    else:
        part_of_day = 'evening'

    return part_of_day
```

这样，通过直接引用而非使用 self.前缀，Greeter 类就可以调用这些函数了：

```
class Greeter:
    ...

    def greet(self, store):
        print(f'Hi, my name is {self.name}, and welcome to {store}!')
        print(f'How\'s your {day()} {part_of_day()} going?')
        print('Here\'s a coupon for 20% off!')
```

现在，Greeter 仅了解需要打招呼的信息，而不用知晓获取信息的具体方式。更好的是，day 和 part_of_day 函数可在需要时用于别处，而不必引用 Greeter 类。真是一箭双雕！

最后，你可能还会开发更多与日期时间相关的特性，此时将所有这些特性重构到自己的模块或类中很有意义。我经常等到几个函数或类呈现出清晰的关系时才这样做，但有些开发人员喜欢一开始就这么做，因为这样能够严格地保持事物的独立性。

3.4　编程风格也是一种抽象

多年来，许多编程风格(或范式)日趋流行，经常是源于特定的业务领域或用户基础。Python 支持多种风格，这些风格以自己的方式成为抽象。请记住，抽象是一种将概念存储起来以便于理解的行为。每种编程风格存储的信息和行为都有所不同，没有一种风格是"正确的"，但有些风格在处理特定问题方面优于其他风格。

3.4.1　过程式编程

本章和之前的章节已经介绍了过程式编程(procedural programming)。过程式软件倾向于使用过程调用(procedure call)，一般人们称之为"函数"。这些函数没有被封装到类中，因此常常依赖于其中的输入，有时也依赖于一些全局状态。

```
NAMES = ['Abby', 'Dave', 'Keira']

                         只依赖于 NAMES
                         的独立函数
def print_greetings():  ◄
    greeting_pattern = 'Say hi to {name}!'
    nice_person_pattern = '{name} is a nice person!'
    for name in NAMES:
        print(greeting_pattern.format(name=name))
        print(nice_person_pattern.format(name=name))
```

编程新手或许对这类风格很熟悉，因为这常常是编程的起点。从一个漫长的过程再到调用函数的过程是一个自然的过渡，因此首先教授过程式编程是个好办法。过程式编程的优点远超 3.1.4 节中提及的其他操作，因为过程式编程十分注重函数。

3.4.2　函数式编程

函数式编程听起来与过程式编程一样，但名字中有函数一词！虽然函数式编程在很大程度上依赖于作为抽象形式的函数，但其心智模型却完全不同。

　　函数式语言要求将程序视为函数的组合。例如，对列表进行操作的函数替代了 for 循环。在 Python 中，可以编写以下内容：

```
numbers = [1, 2, 3, 4, 5]
for i in numbers:
    print(i * i)
```

在函数式语言中，可以编写如下代码：

```
print(map((i) => i * i, [1, 2, 3, 4, 5]))
```

　　在函数式编程中，函数有时接受其他函数作为参数，或作为结果返回。如上面的代码片段所示，map 接受一个匿名函数，该匿名函数接受一个参数并与之相乘。

　　Python 有许多函数式编程工具。其中许多都可以使用内置关键字，其他的则可以从 functools 和 itertools 等内置模块中导入。尽管 Python 支持函数式编程，但这并非是首选方式。例如，reduce 函数等一些函数式语言的常见特性已经移入 functools 中。

　　许多人认为 Python 执行这些操作的命令方式更加清晰。使用函数式 Python 特性的代码如下所示：

```
from functools import reduce

squares = map(lambda x: x * x, [1, 2, 3, 4, 5])
should = reduce(lambda x, y: x and y, [True, True, False])
evens = filter(lambda x: x % 2 == 0, [1, 2, 3, 4, 5])
```

Python 首选方式如下所示：

```
squares = [x * x for x in [1, 2, 3, 4, 5]]
should = all([True, True, False])
evens = [x for x in [1, 2, 3, 4, 5] if x % 2 == 0]
```

　　可每种方法都试一试，然后输出变量。你会发现结果相同。你可自行选择自己最容易理解的风格。

　　我喜欢的一个 Python 函数式特性是 functools.partial。该函数使开发人员能够使用原始函数的参数集通过一个已有函数创建一个新函数。这有时会比编写一个调用原始函数的新函数更清楚，特别是当一个通用函数的行为类似于一个更具体命名的函数时。在对数字取幂的情况下，x 的 2 次方常被称为 x 的平方，而 x 的 3 次方常被称为 x 的立方。如下所示，可以利用辅助函数 partial 了解其在 Python 中是如何发挥作用的：

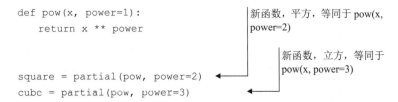

```python
from functools import partial


def pow(x, power=1):
    return x ** power
```
新函数，平方，等同于 pow(x, power=2)

新函数，立方，等同于 pow(x, power=3)

```python
square = partial(pow, power=2)
cube = partial(pow, power=3)
```

针对行为使用熟悉的命名非常有利于人们后续阅读代码。

与过程式编程相比，如果小心使用函数式编程，可以得到许多性能优势，这在数学和数据模拟等算力昂贵的领域非常有用。

3.4.3　声明式编程

声明式编程(declarative programming)着眼于声明任务的参数，不必指定如何完成任务。完成任务的细节大多或完全是由开发人员提取的。在重复一个参数化程度很高的任务，而参数仅稍有变化的情况下，这十分有用。通常，这种编程风格是通过领域特定语言(domain-specific language, DSL)实现的。DSL 是针对特定任务集高度专门化的语言(或类似于语言的标记)。超文本标记语言(Hypertext Markup Language, HTML)就是这样的示例。开发人员能够描述自己想要创建的页面结构，而不必说明浏览器如何将<table>转换为屏幕上的行和字符。从另一方面来说，Python 是一种通用语言，可用于多种目的，并且需要开发人员的指导。

当软件要求用户经常做某些重复的事情时，比如将代码翻译到另一个系统(SQL、HTML 等)，或者为重复使用而创建多个相似对象时，就要考虑使用声明式编程。

在 Python 中广泛使用声明式编程的一个示例是 plotly 包。plotly 通过描述你可能喜欢的图表类型，让你能够从数据中创建图表。来自 plotly 文档(https://plot.ly/python/)的一个示例如下：

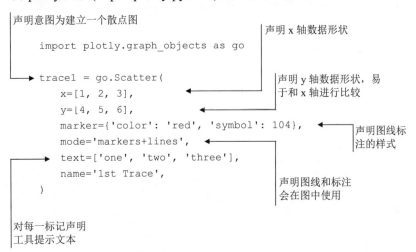

声明意图为建立一个散点图

```
import plotly.graph_objects as go

trace1 = go.Scatter(
    x=[1, 2, 3],
    y=[4, 5, 6],
    marker={'color': 'red', 'symbol': 104},
    mode='markers+lines',
    text=['one', 'two', 'three'],
    name='1st Trace',
)
```

声明 x 轴数据形状

声明 y 轴数据形状，易于和 x 轴进行比较

声明图线标注的样式

声明图线和标注会在图中使用

对每一标记声明工具提示文本

本示例将为图像和可视化的特征设置数据。每个需要的输出都要被声明，而非过程式地添加。

作为对比，想想一个过程式方法。每个配置步骤都将作为更长过程中的独立一行，而不是为单个函数或类提供部分配置数据：

```
trace1 = go.Scatter()
trace1.set_x_data([1, 2, 3])
trace1.set_y_data([4, 5, 6])
trace1.set_marker_config({'color': 'red', 'symbol': 104, 'size': '10'})
trace1.set_mode('markers+lines')
...
```

每个信息片段都用方法进行了清楚设置

当用户完成了大量配置时，声明式编程提供的接口将更为简洁。

3.5　类型、继承和多态性

此处谈及"typing"一词时，并非指在键盘上打字。一种语言的类型，或者说类型系统，指的是该语言或系统如何选择管理变量的数据类型。一些语言在编译的同时检查数据类型，另一些则在运行时进行类型检查。一些语言推测 x = 3 的数据类型为整数，而另一些则要求显式声明 int x = 3。

Python 是一种动态类型的语言，即在运行阶段确定数据类型。Python 还使用一个名为"鸭子类型"(duck typing)的系统，其名称来自谚语"如果它像鸭子一样走路，像鸭子一样嘎嘎叫，那么它一定是只鸭子"。尽管在类实例上引用未知方法时，许多语言无法完成程序编译，Python 却总是试图在执行时对方法进行调用，如果实例的类中不存在该方法，则会引发 AttributeError。通过该机制，Python 能够实现一定程度的多态性，这是一种编程语言的特性，不同类型的对象通过一致的方法命名提供一类特定的行为。

随着面向对象编程的出现，曾有过一场将整个系统建模为继承类嵌套的运动。ConsolePrinter 从 Printer 继承，而 Printer 从 Buffer 继承，Buffer 又从 BytesHandler 继承，等等。其中的一些继承关系是有意义的，但仍有许多继承导致代码变得死板，难以更新。尝试一次更改可能会导致整个树状结构从上至下出现涟漪般的巨大变化。

如今，人们的偏好已经转向将行为组合为对象。组合(composition)与分解相反，各个功能块组合在一起，形成了完整的概念。图 3-6 将更为死板的继承结构与由许多特性构成的继承结构进行了对比。狗是四足动物、哺乳动物和犬科动物。使用继承后，你将不得不从这些概念中创建层次结构。所有的犬科动物都是哺乳动物，这看起来没什么问题，但并不是所有的哺乳动物都是四足动物。组合让开发人员不再受到层级的限制，但仍要提供两个事物之间的关系。

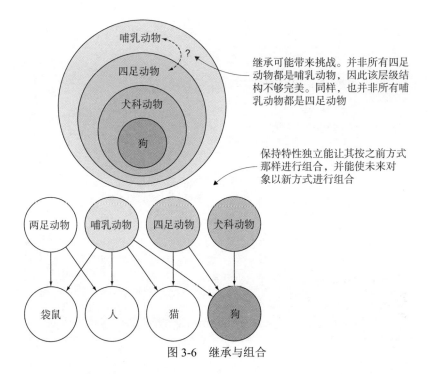

图 3-6　继承与组合

组合通常是通过一种被称为接口(interface)的语言特性来完成的。接口是特定类必须实现的方法和数据的正式定义。一个类可以实现多个接口，以表明类具有所有这些接口行为。

Python 没有接口。如何避免深度继承层次结构？幸运的是，Python 通过鸭子类型系统和多重继承(multiple inheritance)实现了这一点。尽管许多静态类型语言只允许从另一个类继承一个类，Python 却支持从任意数量的类中继承。可以使用这种机制来构建类似于接口的东西，在 Python 中，这通常称为混合(mixin)。

假设要为一只会说话和翻身的狗创建一个模型。因为你知道最终是想建模其他也会同样技能的动物，所以为了把这些行为变成类似于接口的东西，可以用后缀 Mixin 进行命名，以明确意图。有了这些行为的混合，就可以创建一个 Dog 类，该类可以实现 speak 和

roll_over 功能，如下面的代码清单 3-4 所示，还可以使用相同的方
法让以后想建模的动物说话或翻身。

代码清单 3-4　提供接口型行为的多重继承

```
class SpeakMixin:
    def speak(self):
        name = self.__class__.__name__.lower()
        print(f'The {name} says, "Hello!"')


class RollOverMixin:
    def roll_over(self):
        print('Did a barrel roll!')


class Dog(SpeakMixin, RollOverMixin):
    pass
```

说话行为封装在 SpeakMixin 中，以显示这是可组合的

RollOverMixin 中的翻身行为也是可组合的

你的狗会说话、翻身，还会你教的其他所有事情

由于 Dog 继承自一些混合(mixin)，因此可以对这只狗具备的技
能进行检查：

```
dog = Dog()
dog.speak()
dog.roll_over()
```

输出如下：

```
The dog says, "Hello!"
Did a barrel roll!
```

狗懂英语这一事实是可疑的，但除此之外，一切均得以证实。第
7 章和第 8 章将更深入地探讨继承和其他一些相关概念，继续阅读吧！

3.6　了解错误的抽象

识别现有代码中的抽象何时无法正常运行，几乎和将抽象应用
于新代码一样有用。这可能是因为新代码已经证明了抽象并不适合

所有用例，也可能是因为开发人员看到了一种用不同范式使代码更清晰的方法。不管是什么情况，花时间关注代码是很值得做的事情，即使某些开发人员还没有认识到这一点。

3.6.1　方枘圆凿

如前所述，利用抽象可以确保事情更清晰容易。如果抽象导致开发人员为了某一事物的成功运行而殚精竭虑，可以考虑对其进行更新以消除摩擦，或用一种全新的方法进行替换。我已对新代码进行了深入研究，试图让它与现有代码一起工作，结果却发现，改变环境比适应环境要容易得多。这里要权衡的是时间和精力，既要重写代码，又要确保代码仍然可以运行。不过从长远来看，提前花一些时间可能会为每个人省下时间。

如果第三方包的接口引起了摩擦，而开发人员又无法费时费力地更新代码，那么可以考虑围绕该接口创建抽象，以供自己的代码使用。这在软件中通常被称为适配器(adapter)，我把这比作在另一个国家使用机场旅行插座。在法国，你当然无法更换电插头(生气大骂也许有用)，但你手头又没有法式插头。因此，即使旅行插头售价48欧元，这也比为三四种不同设备寻找并购买法国电源要便宜。你还可以在软件中创建自己的适配器类，使该类具有程序期望的接口，让每个方法中的代码在幕后都调用不兼容的第三方对象。

3.6.2　智者更智

我一直提到要编写灵活的代码，但过于聪明的解决方案也可能造成痛苦。如果这样的解决方案过于神奇且没有足够的粒度，你就会发现其他开发人员创建了自己的解决方案来完成工作，从而使你的努力前功尽弃。强大的软件必须权衡用例的频率和影响，以决定适应哪一个。通用用例应尽可能平滑，而很少使用的用例可能会显得笨拙，或者在需要时明显不受支持。解决方案只需足够聪明，这是公认的难以实现的目标。

也就是说，如果某件事让人觉得尴尬或棘手，请等一段时间。

如果过了一段时间后还是觉得棘手，不妨问问别人是否有同感。如果别人未有同感，但这件事情仍然让人感觉尴尬或棘手，那可能就出问题了。继续前进吧，使用抽象可以让世界变得更美好!

3.7　本章小结

- 抽象是一种工具，用于延缓对代码的强制性理解。
- 抽象有多种形式：分解、封装、编程风格以及继承与组合。
- 每种抽象方法都有用，但上下文和使用范围是重要的考虑因素。
- 重构是一个迭代的过程。曾经起过作用的抽象可能需要在之后重新访问。

第 **4** 章

设计高性能的代码

本章内容：
- 理解时间和空间的复杂度
- 度量代码的复杂度
- 在 Python 中为不同的活动选择数据类型

编写工作代码时，常常需要进行额外的工作。代码不仅要完成任务，还要保证速度。代码的性能是指代码利用存储空间、时间等资源的能力。如果一个软件的性能处于一个可以接受的水平，即该软件能够有效利用资源，并能在理想的时间范围内对任务做出响应，就可以说该软件具备了高性能。

无论是将最新自拍照上传到 Instagram，还是做实时的市场分析来选择股票，软件的性能每天都影响着现实生活中的人们。实际上，一个软件应有的性能水平常常取决于用户感知。如果感觉某件事是瞬间发生的，那么它的速度就足够快了。

软件的性能也会影响亏盈。如果某一软件要求用户在磁盘或数据库中进行存储，那么将存储量降到最低将会节约大量财力。如果为能够盈利的决策提供信息的软件可以运行得更快，就可以为用户争取更多利益。所以，性能具有现实的意义。

> **人类感知**
>
> 人们一般认为，小于 100 毫秒的变化是瞬时的。如果用户单击按钮，屏幕在 50 毫秒内做出响应，用户就会很高兴。如果响应超过 100 毫秒，人们就会注意到延迟。
>
> 对于下载大型文件等长时间运行的活动来说，延迟是不可避免的。在这种情况下，准确的进度更新很重要，因为这会改变对进度的感知，让进度感觉更快。

4.1   穿越时空

如果你阅读有关高性能软件的书籍，很可能会看到"时间复杂度"(time complexity)和"空间复杂度"(space complexity)这两个术语。这两个术语听起来仿佛来自量子力学或天体物理学，但它们在软件中也占有一席之地。

时间复杂度和空间复杂度是一种度量方式，用于度量软件随着输入增加，还需要多少执行时间、内存或磁盘存储空间。软件消耗时间或空间的速度越快，复杂度就越高。

复杂度并非确切的定量度量，相反，它能帮助你定性地了解在最坏的情况下，软件的速度和大小。本章将帮助你对复杂度的度量建立直觉，从而在工作中维持软件的性能。然而，确定软件的复杂度有一个正式的流程，之后将会介绍。

4.1.1   复杂度有点复杂

坦率地说，复杂度是个难题，并且有时令人困惑。在读书时，我对它并没什么概念，我现在所知道的知识都是在不断的实际应用中学到的。做好准备，你也该如此。

复杂度的测定通过一个名为"渐近分析"(asymptotic analysis)的过程完成。该过程包括观察代码并确定最坏情况下软件性能的边界。

注意　切记，复杂度度量在对比实现某一特定任务的不同方法时有用，在对比互无关联的任务方面，用处不大。比如，在对比两种用于排序一列数字的算法时，它能发挥作用。但无法将一个列表排序算法和一个搜索树进行比较。应确保进行的是同类比较。

一开始，在渐近分析中使用的符号看起来晦涩难懂，但它有一个通俗的英文翻译。你常常会见到复杂度以大 O 符号表示，这表示分析的是代码在最坏情况下的性能。大 O 符号看起来像 $O(n^2)$，读作"阶的 n 次方"，其中 n 是输入的量，n^2 是复杂度。这是对"代码运行所需的时间与输入的平方成正比"的简写，如图 4-1 所示。$O(n^2)$ 写起来更快捷。下文将更多地使用大 O 符号。

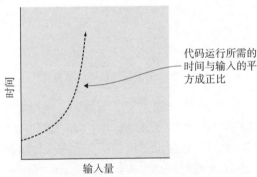

图 4-1　$O(n^2)$ 是 $y \propto x^2$ 关系的大 O 符号的简写

4.1.2　时间复杂度

时间复杂度是衡量代码相对于其输入来说执行任务的速度的方法。随着输入的增加，时间复杂度展示了代码变慢的速率。这有助于解释随着输入规模的扩大，执行一个任务所需的时间会如何变化。

1. 线性度

线性复杂度是代码中最常见的一种复杂度。之所以如此命名，是因为绘制输入量和时间图像时，会得到一条直线。如果回想一下数学中直线的方程式，即 $y = mx + b$，就可以将 x 当作输入量，将 y 当作执行程序的时间。除了输入，还存在一些系统开销(方程式中的 b，或截距)，并且每个额外的输入增加了执行时间(m，或斜率)，如图 4-2 所示。

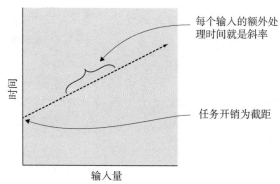

图 4-2　用线性复杂度对任务进行可视化

线性复杂度在软件中频繁出现，因为许多操作需要对列表中的每一项都执行相应的任务，例如，输出命名清单，整数求和，等等。

当列表不断增加，计算机所需的时间也会成比例增加。对1000个整数求和需花费大约对2000个整数求和一半的时间。对于数量 n，这些类型的活动与 n 呈线性关系，用大O符号表示就是 $O(n)$。

通过查找 for 循环，可以找到 Python 中可能是 $O(n)$ 的代码。一个在列表、集合或其他序列上的单个循环，很有可能是线性的。

```
names = ['Aliya', 'Beth', 'David', 'Kareem']
for name in names:
    print(name)
```

即使在循环中执行了多个步骤，这仍然是线性的：

```python
names = ['Aliya', 'Beth', 'David', 'Kareem']
for name in names:
    greeting = 'Hi, my name is'
    print(f'{greeting} {name}')
```

甚至对同一个列表进行多次循环，这仍然是线性的：

```python
names = ['Aliya', 'Beth', 'David', 'Kareem']
for name in names:
    print(f'This is {name}!')

message = 'Let\'s welcome '
for name in names:
    message += f'{name} '
print(message)
```

对人名列表进行了两次循环，请再次思考线性方程式。第一次循环在每一项上花费的时间为 f，而第二次循环在每一项上花费的时间为 g，则线性方程式应为 $y = fx + gx + b$，等同于 $y = (f + g)x + b$。即使这条线更陡峭，它还是直线。

此处引入了渐近分析中的"渐近性"部分。即使一个特定的活动可能呈现出"陡峭"的线性关系，但是如果输入的数量足够多，其他更复杂的操作仍然在速度上更慢，如图 4-3 所示。

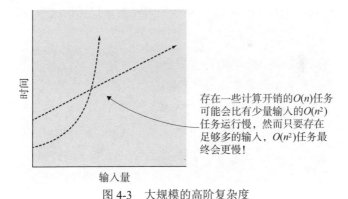

存在一些计算开销的 $O(n)$ 任务可能会比有少量输入的 $O(n^2)$ 任务运行慢，然而只要存在足够多的输入，$O(n^2)$ 任务最终会更慢！

图 4-3 大规模的高阶复杂度

2. 与平方成正比

另一类时间复杂度与输入的平方 $O(n^2)$ 成正比。对于列表中的每一项，当需要查看列表中的其他每一项时，就会出现这种情况。当添加更多的输入时，代码必须迭代额外的项，还需要在每次迭代中迭代那些额外的项。执行时间的增加是复合的。

可以通过 Python 代码中的嵌套循环发现这一点。以下代码可检查列表是否存在重复项：

外部循环迭代序列中的每一元素

内部循环为外部循环中的每一元素再次进行每一元素的迭代

```python
def has_duplicates(sequence):
    for index1, item1 in enumerate(sequence):
        for index2, item2 in enumerate(sequence):
            if item1 == item2 and index1 != index2:
                return True
    return False
```

检查两个元素是否具有相同值，此处的相同并不是指序列中相同的特定元素

对于该代码来说，$O(n^2)$ 是最糟糕的情况。因为即使只有最后的项为重复项，或者根本没有重复项，该代码仍需在结束前迭代所有的输入。如果最前面的两项为重复项，代码的运行速度将会快很多，因为它会立刻停止运行。但是测试最坏的情况以了解代码的能力仍然是有意义的。因此，大 O 符号总是需要衡量最坏情况下代码的复杂度。

其他符号

有时，不仅要计算最坏的情况，还要计算平均情况和最佳情况。大 Ω 符号用于最佳情况分析，而大 θ 符号用于表示某一具体复杂度的上限和下限，这些符号常常有助于从多个选择中选取最适合的方式。很多算法(如快速排序)的复杂度可在网上搜到。在网上还可以找到 Python 中常见的时间复杂度操作(https://wiki.python.org/moin/TimeComplexity)。

3. 常量时间

理想的复杂度是常量时间($O(1)$)，与输入量无关。常量时间是最佳复杂度，因为随着输入的增加，它会要求软件提速！在Python中，常量时间可在一些数据类型中实现，后文将会对此进行讲解。

有些通常是线性的(甚至更糟的)问题，在预先计算之后可以变成常量。最初的计算本身可能不是常量的，但是如果它允许很多后续步骤成为常量，这可能是一个很好的折中方案。

4.1.3　空间复杂度

与时间复杂度类似，空间复杂度是在输入增加的过程中，对代码所用磁盘空间或内存的度量。空间复杂度容易被忽略，因为其总是无法直接观察到。有时，磁盘空间使用效率低下，只有当出现弹出窗口，指明计算机上没有剩余的磁盘空间时，我们才会意识到这一点。编码时考虑空间是件好事，这样就不会耗尽资源了。

> **清洁工**
>
> 在 Python 中，编程人员常常不会自己管理内存，这会让空间复杂度更难控制。在一些语言中，编程人员必须分配和释放内存，从而迫使自己去管理代码使用资源的方式。Python 使用了自动的垃圾回收机制(garbage collection)，该机制能够通过运行程序，释放那些不再使用对象所占的内存。

1. 内存

在非必要情况下将大数据文件完全读入内存，是程序使用太多内存的一种常见方式。假设有一个文本文件，其中包含一行代码，用于获取当今每个人和他们最喜欢的颜色这样的信息。如果想知道每种颜色的喜欢人数，可以考虑将整个文件读取为一个行列表，并对列表进行操作：

```python
color_counts = {}
```

```
with open('all-favorite-colors.txt') as favorite_colors_file:
    favorite_colors = favorite_colors_file.read().splitlines()  ◄──┐

for color in favorite_colors:
    if color in color_counts:
        color_counts[color] += 1
    else:
        color_counts[color] = 1
```

以行列表的方式读取整个文件

地球上生活着无数的人。即使该文件仅包含一列最喜欢的颜色，并且每一行都使用1字节的数据，该文件的大小还是会超过7GB。或许机器内存足够大，但是该任务并不要求一次性获得所有行的信息。

在Python中，可以在 for 循环中逐行读取文件，并且在循环的每一迭代上，下一行会在内存中取代现有的一行。尝试更新代码，每次只读取文件的一行，实现后回到此处。

```
color_counts = {}

with open('all-favorite-colors.txt') as favorite_colors_file:
    for color in favorite_colors_file:  ◄──
    color = color.strip()  ◄──

    if color in color_counts:
        color_counts[color] += 1
    else:
        color_counts[color] = 1
```

一次只读取一行

删除每行中结尾的换行符

通过一次读取一行，并在读取后丢弃，内存的使用将只达到文件中最大行的大小。情况好多了！空间复杂度已经从 $O(n)$ 变为 $O(1)$。

2. 磁盘空间

我曾经在一个长期使用的应用程序上面临磁盘空间问题。这些情况有时很难发现，因为问题不会马上出现。耗尽磁盘空间可能需要数周或数月的时间，这可能是因为程序一次只编写少量的数据，也可能只是因为可用存储空间很大。

　　许多大型的网页应用程序都会发送自己的活动日志，以进行调试或分析。如果在代码中引入一个日志语句，在运行过程中，该语句每分钟被调用 1000 次，这可能会迅速消耗磁盘空间。编码人员或许会因此想要删除这一行，或者将其移到调用频率较低的地方，或者改进存储日志的策略。

　　寻找机会将一种方法从高阶复杂度转换为低阶复杂度，与通过编写特定代码来提高性能相比，这种方法几乎总是会获得更好的性能效益。不妨使用复杂度分析来了解这些软件中可改进的地方。继续阅读，了解如何使用 Python 的一些内置特征来解决问题。

4.2　性能与数据类型

　　尽管在设计代码时，应考虑到时间和空间复杂度，然而代码最终还是构建在 Python 现有数据类型上。下面将介绍许多用例，以及最适合代码的数据类型。

4.2.1　常量时间的数据类型

　　请记住，理想的性能是常量时间，它不会随着输入量的增加而增加。Python 的 dict(字典)和 set(集合)类型在添加、删除和访问项时会表现出这种行为。根本上来说，它们非常相似，主要区别在于字典将键映射到值，而集合表示一组唯一的、单独的项。迭代这两种数据类型中的项仍然需要 $O(n)$ 时间，因为这取决于对象中包含的项的数量。但是，不管项的总数是多少，获取特定项或检查特定项是否存在都很快速。

　　假设不对全世界人们最喜欢的颜色进行计数，现在要获得所有人最喜欢颜色的唯一集合，以便检查是否有未表示的颜色。如前所述，你仍然可以逐行读取文件，但是如何表示数据并检查特定颜色呢？

　　试着去表示数据，并检查特定颜色的数据，然后回到此处，将自己的成果与代码清单 4-1 进行比较，看看自己做得怎么样。

代码清单 4-1   利用 Python 的特征使空间最小化

```
all_colors = set()

with open('all-favorite-colors.txt') as favorite_colors_file:
    for line in favorite_colors_file:
        all_colors.add(line.strip())

print('Amber Waves of Grain' in all_colors)
```

迭代整个文件仍是 $O(n)$ 时间复杂度

添加到一个集合是 $O(1)$ 时间复杂度，但空间复杂度是 $O(n)$

集合的成员关系是个 $O(1)$ 问题

通过使用一个集合来保存颜色唯一值(包含在文件中)列表，可在循环之后以常量时间($O(1)$)检查集合中的某具体颜色。

4.2.2   线性时间的数据类型

Python 中的 list 数据类型主要表现为 $O(n)$ 的操作。对存在更多元素的列表来说，确定一个列表中的成员关系或添加一个新项到列表中的任意位置，速度会更慢。而在列表结尾添加或移除所花费的时间为 $O(1)$。当存储的项不能被唯一标识时，列表会非常有用。

从性能上来看，tuple 类型与 list 类型相似，而主要的不同在于元组(tuple)一旦创建，就无法更改。

4.2.3   在数据类型上操作的空间复杂度

既然你已经熟悉了 Python 一些内置数据结构的时间复杂度，下面介绍使用技巧。目前所见的数据类型都是可迭代对象，能够支持内容迭代(比如在 for 循环中)。对一组元素的迭代在时间复杂度上几乎总是 $O(n)$。如果有更多的元素，遍历每个元素就会花费更多时间。那么空间复杂度呢？

目前我们看到的数据类型，所有的内容均一起存储在内存中。如果一个列表有 10 个元素，它在内存中占用的空间大约为包含一个元素的列表的 10 倍，如图 4-4 所示，这意味着它们的空间复杂度也

是 $O(n)$。这可能会产生问题，就像将 76 亿条记录读入内存一样。如果并非一次性需要所有数据，或许还有更有效的方法。

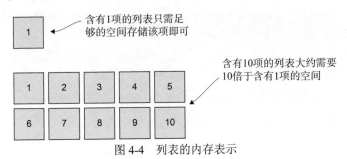

含有 1 项的列表只需足够的空间存储该项即可

含有 10 项的列表大约需要 10 倍于含有 1 项的空间

图 4-4　列表的内存表示

一个解决办法是输入生成器(generator)。在 Python 中，生成器是每次生成一个值，并在请求生成下一个值之前处于暂停状态(见图 4-5)，这与前文逐行读取文件的方法非常相似。通过这种方法，生成器可以避免将生成的所有值一次性地存储在内存中。

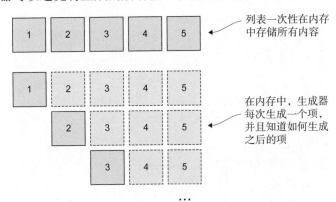

列表一次性在内存中存储所有内容

在内存中，生成器每次生成一个项，并且知道如何生成之后的项

图 4-5　用生成器节省空间

如果之前在 Python 中使用过 range 函数，就已经使用过生成器了。range 函数接受编程人员指定的范围参数。如果 range 在内存中存储该范围内的所有数字，range(100_000_000)这样的代码就会在一个短命令中占尽所有可用的内存。事实并非如此，range 只存储范围

的界限，并且每次从中生成一个值。这该如何操作呢？

为了高效地使用空间，生成器利用了 Python 的关键字 yield。生成值后，再返回到调用代码继续执行。因此，yield 产生值，然后执行操作。

yield 的工作原理与 Python 中的 return 语句非常相似，不同之处在于使用 yield 可以在生成值之后执行操作，这可以用来设置要生成的下一个值。代码清单 4-2 大致呈现了 range 函数的基本行为。请注意 yield 关键字的使用以及使用 yield 后 current 值的增量操作。

代码清单 4-2　使用 yield 进行暂停和准备

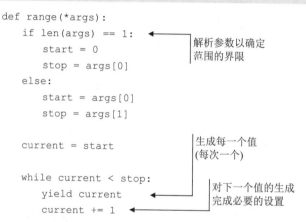

```
def range(*args):
    if len(args) == 1:          ◀─── 解析参数以确定
        start = 0                    范围的界限
        stop = args[0]
    else:
        start = args[0]
        stop = args[1]

    current = start             ◀─── 生成每一个值
                                     (每次一个)

    while current < stop:
        yield current           ◀─── 对下一个值的生成
        current += 1            ◀─── 完成必要的设置
```

该实现中存在如下模式，在生成器中经常使用该模式。

(1) 完成生成所有值所需的设置。

(2) 创建循环。

(3) 在循环的每次迭代中生成一个值。

(4) 为循环的下次迭代更新状态。

现在试着检查 range 生成器的值。例如，可以使用 list(range(5,10)) 将值转换为一个列表，还可以把 range(5,10) 保存到一个变量中，并连续调用 next(my_range)，从而每次向前移动一个值。

掌握了该模式，就可以开始编写自己的生成器了。生成器函数

squares 将接受一个整数列表，并生成每个整数的平方。请先尝试一下，然后回来阅读代码清单 4-3，看看自己是如何做的。

代码清单 4-3　一个短小的生成器，用于生成平方数

```
def squares(items):
    for item in items:
        yield item ** 2
```

squares 函数非常简洁，因为无须进行设置或状态管理。我还提到过，该函数接受一个列表，但它最优秀的地方在于，可以传递至另一个生成器。squares(range (100_000_000))也可良好运行，每次只存储范围中的一项和一个平方结果，从而节省了更多空间(见图4-6)。

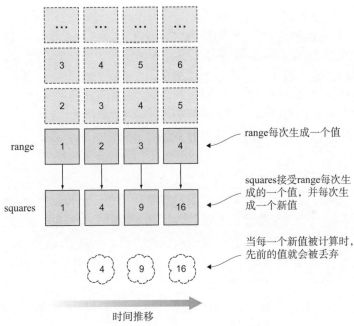

图 4-6　链式生成器的内存使用情况

建议尽可能使用生成器而非列表，因为如果需要，可以通过写入 list(range(10000))或 list(squares([1,2,3,4])) 在内存中从生成器构建完整的列表。使用生成器可以节省内存，还可以节约时间，因为使用生成器的值的代码可能并不需要所有这些值。

惰性计算

认为"每次生成一个值，并且使用该值的代码或许用不到生成的所有值，这种想法被称为"惰性计算(lazy evaluation)"。这是一种"懒惰"的方式，因为目的是要尽可能地做最少的工作，并且只有在被明确要求时才去做。不妨想象一下，当生成器被要求给出(yield)一个值时，它们会发出一声长叹。

4.3　让它能够运行，正确运行，快速运行

"让它能够运行,正确运行,快速运行"这一格言来自 Kent Beck，他是极限编程(extreme programming，XP)的创造者。从表面上来看，这可能意味着编码人员首先应该编写可运行的代码，然后重新编写代码使之清晰简洁，之后才是使代码具备良好的性能。但我喜欢把这三条规则作为编写代码时在每次小迭代中要采取的步骤。请记住，在编码时，设计、实现和重构都是在很短的周期内发生的。

4.3.1　让它运行

坦率地说，开发人员将大量的时间花费在让代码运行上，他们会试图将一个问题陈述或想法放入可实现目标的代码中。包括我在内的开发人员常常会在转向重构或性能之前，一直解决一个问题。这就像 "先有鸡还是先有蛋"的问题：如果"代码"还没有完成，我要如何让"它"更快地运行？

正如分解对软件本身很有用一样，一个能将目标分解为可管理的块的工具也很有用。在实现大目标的过程中，可以对每个小目标进行逐步实现和检查。在这种方法中，"让它运行"也会更加容易，因为"它"是一个更细粒度的目标。相比"制作一个物理引擎"，勾画出一些有关"计算下落物体速度"的想法会更容易。

4.3.2　让它正确运行

要让它运行，就要努力实现从点 A 到点 B。如果对任务目标很明确，那么"它运行了吗"就是个双面的答案。

要让它正确运行，就要进行重构。重构追求的是对现有代码以更清晰或更适合的方式进行重新实现，而始终不改变输出结果。[1]

重构没有明确的"完成"时刻。你会发现，在实现以及重新访问代码以添加新功能时，你自己都在进行迭代。有关何时应重构代码的度量标准，Martin Fowler 的"三次原则"指出，当实现了三次类似的功能时，就应该重构代码，来为这一行为提供一个抽象。我喜欢这个前提，因为这暗示了重构的平衡：不要马上为某些功能提供抽象，即使重复了两次后也不要这样做，因为可能为时过早。等一等，看看事态的发展情况。这会促使你使用更有效的解决方案，并确保这种方案是必要的。

确保正确运行的另一个方面是利用语言的优势为自己服务。下面的代码用于确定列表中出现频率最高的整数：

```
def get_number_with_highest_count(counts):    ◄──── 将数字映射到
    max_count = 0                                   计数的字典中,
    for number, count in counts.items():            确定计数最高
        if count > max_count:                       的数字
            max_count = count
            number_with_highest_count = number
    return number_with_highest_count


def most_frequent(numbers):
    counts = {}
    for number in numbers:                    ◄──── 统计数字的出现情况,看哪
        if number in counts:                        一个数字计数最高
```

---

1 有一种观点认为，可以为所编写的代码创建测试，如果测试的次数足够多且能通过，就可以在更改时依赖这些测试，以确保没有破坏任何东西。关于这个问题有许多精彩的文章，详见 Harry Percival 撰写的 *Test-Driven Development with Python*，第二版 (O'Reilly, 2017)。

```
        counts[number] += 1
    else:
        counts[number] = 1

    return get_number_with_highest_count(counts)
```

这段代码已成功运行，Python中有一些工具可以对其进行简化。第一个工具有助于编写增加计数的代码。对于列表中的每个数字，该工具必须检查开发人员是否已经看到它，以知道是否可以增加计数，或者是否要对计数进行初始化。Python中有一个内置的数据类型可以避免这一额外的工作：defaultdict。开发人员可以指定defaultdict要存储的值的类型，如果访问一个新键，就会默认为该类型指定一个合理的值：

```
from collections import defaultdict                ◀——— 从 collections 模块
                                                        导入 defaultdict


def get_number_with_highest_count(counts):
    max_count = 0
    for number, count in counts.items():
        if count > max_count:
            max_count = count
            number_with_highest_count = number
    return number_with_highest_count

                                                 计数是整数，因此在 defaultdict
def most_frequent(numbers):                      中每个值的默认类型都应该是
    counts = defaultdict(int)          ◀———      整型(int)
    for number in numbers:
        counts[number] += 1            ◀———      整型默认值为 0，因此数字首次
    return get_number_with_highest_count(counts)  出现时，计数为 0 + 1 = 1
```

还不错——已经节省了一行代码，函数的意义也更清晰了一些，但是还能继续改进。对于在序列中计数这种情况，Python还有一个辅助功能：

```
from collections import Counter         ◀———    Counter 也位于 collections
                                                模块中
```

```
def get_number_with_highest_count(counts):
    max_count = 0
    for number, count in counts.items():
        if count > max_count:
            max_count = count
            number_with_highest_count = number
        return number_with_highest_count
```

```
def most_frequent(numbers):
    counts = Counter(numbers)    ◀————  表现与人工计数
    return get_number_with_highest_count(counts)         字典几乎相同
```

你又节省了很多行代码。现在 most_frequent 的意义很明确了：对独一无二的数字进行计数，然后返回计数最高的一个数字。那么 get_number_with_highest_count 的作用是什么？它查找映射数字到计数的字典中的最大值。Python 还提供了两个工具，也可以对该函数进行简化。

其一为 max。max 接受一个可迭代对象(列表、集合、字典等)，并从该可迭代对象返回最大值。对于字典而言，max 默认返回键的最大值。counts 字典的键即数字本身，而非计数。max 还接受第二个参数 key，该函数告知 max 应使用可迭代对象的哪个部分。

Python 只会向 key 传递一个参数：来自可迭代对象的值。在有关字典的实例中，Python 对键进行迭代，因此被 max 传递给 key 参数的函数只会得到数字，而非数字的计数。需要让 key 知道，当给定一个数字时，应该在数字上检索 counts 字典，以获得计数值。在模块中编写一个独立的函数是不起作用的，因为 counts 在它的命名空间内完全无用。如何避开这一点呢？

在函数式编程中，将函数作为参数传递给其他函数很常见，有时这些传递的函数很简短，不需要命名。与可能在 Python 中编写的大多数函数不同，这些是匿名函数，称为 lambda(即匿名函数)。lambda 确实是函数，它们接受参数并返回值。它们没有名称，不能被直接调用，但可以用作其他函数的内联参数，以完成任务。

对于 get_number_with_highest_count 函数来说，可以传递一个 lambda 给 max 函数，它接受一个数字并返回 counts[number]。这种方法解决了命名空间的问题，并提供了你想要赋予 max 的行为。让我们看看代码会变得多么简洁：

```
from collections import Counter
                              在计数中迭代数字时，使用counts[number]
                              (数字的计数)作为比较值
def get_number_with_highest_count(counts):
    return max(
        counts,
        key=lambda number: counts[number]
    )


def most_frequent(numbers):
    counts = Counter(numbers)
    return get_number_with_highest_count(counts)
```

代码简单明了。理解一种语言为某种活动设置了何种工具，常常有助于编写出更短的代码。

当然，代码并不总是越短越好。你可以进一步将 max 直接移到 most_frequent 函数中。但我并不喜欢使用 max 这种行为意图并不总是清晰的函数，我喜欢使用有着更清晰命名的单独函数。

一旦你编写的代码可以运行，并且能足够清晰地展示其运行原理，其他任何人都能理解并学会使用，那就说明你成功了。

4.3.3   让它快速运行

调节代码性能所花费的时间通常和编写代码的时间一样长。复杂度分析和后续的改进需要谨慎对待，并需要对代码中的数据类型和操作进行长时间观察。开发人员要在性能调优的时间损失与工作成果推向市场的需求之间权衡利弊。正如本章开头提到的，你还需要决定代码性能足够好的时机。正如人们所说的，完美是足够好的敌人，因此，交付一些有价值但速度慢的产品，往往比什么都不交付要好。

如果优先考虑将产品推向市场，可以考虑设置一些有关性能的里程碑计划，让你自己能够在首次发布产品后一步步完成这些计划。通过这种方式，就可以专注于让代码成功运行并正确运行，以使未来的改进变得容易，并且可以交付产品。在生产环境中运行代码，很可能会发现一些意料之外的新问题。

对性能的可接受水平也要根据目标而变化。如果需要在用户单击 Log In 登录站点后展示某一种模态，那么要立即展示，否则用户就会离开。而如果试图建立一个年度报告系统以便客户能够看到销售情况，那么客户可能可以多等一段时间。

系统的架构(所有不同的服务、页面、交互等)也会影响性能。较大型的系统对 API、数据库和缓存之间通常要求更多的网络通信。它也会有一些用户工作流之外的流程，例如，每晚用于分析的累计度量指标。你可以检查此架构中与你要实现功能类似的其他服务，以有一个基本的想法。在此基础上，你就可以为软件性能创建一个合理的预期，并为之努力。大型系统的性能往往优于代码本身。

在编写更多代码时，可以把你学到的与数据类型和技术性能相关的知识运用到软件中。这样，你就可以开始了解可能导致性能问题的代码行。你会开始注意到嵌套循环和巨大的内存列表。

4.4　工具

现实世界中的性能测试需要遵循基于证据的方法。这是由于具有真实用户的系统不可避免地面临不同行为。各种意外输入、时间、硬件、网络延迟及其他因素的组合都会影响系统的性能。因此，寄希望于在代码中到处更改，来意外获得巨大的性能优势，这不是利用时间的最佳方式。

4.4.1　timeit 模块

Python 中的 timeit 模块是测试代码片段执行时间的工具，可以从命令行执行或直接在代码中使用，以进行更多控制。timeit 模块可以方便你检查想要进行的性能更改。

假如你想知道从 0 到 999 的整数加起来所需的时间，要从命令行计时该活动，可以调用 Python 的 timeit 模块：

```
python -m timeit "total = sum(range(1000))"
```

这会导致 timeit 多次运行求和代码，最终输出一些有关执行时间的统计数据：

```
20000 loops, best of 5: 18.9 usec per loop
```

从该结果可以得出，对 0～999 所有整数求和总体花费的时间少于 20 毫秒。

要查看 0～4999 的求和如何影响结果，可以更改命令并重新运行它：

```
python -m timeit "total = sum(range(5000))"
2000 loops, best of 5: 105 usec per loop
```

由此可以得出结论，对 0～4999 的整数求和花费的时间是对 0～999 的整数求和所花费时间的 5 倍多一点。

请记住，timeit 是真正在运行代码，由于变量较多，因此实际执行中会有微小的变化。除代码外，电池电量和 CPU 的时钟速度也会影响计时。因此，最好运行几次计时命令，以查看度量结果的稳定性，并在进行更改时查看基线是否明显改进。因此，尽管 timeit 提供了定量的度量，但最好还是关注趋势，使用它来定性比较两种不同的实现。在这里，就可以注意到那些显著提高代码速度的数量级改进。

timeit 的命令行界面很棒，但当想要测试更大或更复杂的代码片段时，处理起来就会有些困难。如果需要对正在计时的内容进行更多控制，可以在代码中使用 timeit。如果要对代码的特定部分计时，而不是对所有的设置代码计时，则可以分离设置步骤，所以执行时间不包含在内：

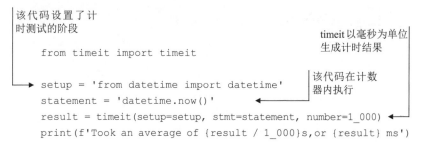

该代码设置了计时测试的阶段

timeit 以毫秒为单位生成计时结果

该代码在计数器内执行

```
from timeit import timeit

setup = 'from datetime import datetime'
statement = 'datetime.now()'
result = timeit(setup=setup, stmt=statement, number=1_000)
print(f'Took an average of {result / 1_000}s,or {result} ms')
```

这将只对 datetime.now()的调用进行计时,而不会对 import 计时。

假设你要证明，检查一个项是否在集合中要比检查这个项是否在列表中要快。如何使用 timeit 模块实现这一点？使用 set(range(10000))和 list(range(10000))构建输入，并查找 300 是否包含其中，对该任务计时，任务在集合中快了多少？

通过运行 timeit 让我明白，自己对有关提高代码运行速度的一些假设是错误的，timeit 模块多次使我避免陷入困境。这是一个真正节约时间的工具(它的命名和功能绝对是一语双关)。

4.4.2　CPU 性能分析

使用 timeit 时，模块会对代码进行性能分析(profiling)。性能分析是指在代码运行时对其进行分析，以收集有关其行为的一些指标。timeit 模块度量完整运行代码所需的时间，但是另一种度量代码性能的好方法是通过 CPU 性能分析。CPU 性能分析使得开发人员能够看到代码哪一部分计算成本最高，及其被调用的频率。这类输出非常有意义，因为这能帮助开发人员理解当试图对代码进行提速时，首先要关注什么。

假设你编写了一个成本不高但在应用程序中被多次调用的函数，同时也编写了一个成本很高但仅被调用了一次的函数。如果时间只允许你修复其中一个函数，应该修复哪一个？如果不对代码进

行性能分析，就很难知道哪一个最能提高代码速度。此时可以使用
Python 的 cProfile 模块，以获得最佳性能。

注意　如果你试图导入 cProfile 模块但出现了错误，可以用
profile 模块代替。

cProfile 模块将输出程序执行过程中调用的每个方法或函数的
信息。对于每个调用，都会向开发人员展示以下信息：

- 调用发生的次数(ncalls)
- 单次调用花费的时间，不包括依次调用的时间(tottime)
- 在调用的 ncalls 次数中单次调用所花费的平均时间(percall)
- 在调用中花费时间的累积，包括花费在子调用上的所有时间
  (cumtime)

这些信息是有用的，因为可以暴露运行速度慢(cumtime值大)的
函数，并且还能暴露速度快但调用次数多的函数。代码清单 4-4 列
出了调用一个函数 1000 次的玩具程序。函数调用的执行时间不确
定，最多 10 毫秒。

代码清单 4-4　对 Python 程序的 CPU 性能进行分析

```
import random
import time
                                        执行时间不确
                                        定(最多10毫秒)

def an_expensive_function():
    execution_time = random.random() / 100  ◄
    time.sleep(execution_time)


if __name__ == '__main__':        函数运行了 1000 次
    for _ in range(1000):  ◄
        an_expensive_function()
```

将这个程序保存在 cpu_profiling.py 模块中，然后可以配置它从
命令行使用 cProfile：

```
python -m cProfile --sort cumtime cpu_profiling.py
```

在大量的调用中，你可能希望一个花费 0～10 毫秒的函数平均花费的时间为 5 毫秒(percall)。调用该函数 1000 次(ncalls)，总共花费约 5 秒(cumtime)。在程序上运行 cProfile，看看是否符合预期。你可以看到很多输出，但是按累积时间排序意味着 an_expensive_function 的调用会名列前茅：

```
$ python -m cProfile --sort cumtime cpu_profiling.py
        5138 function calls (5095 primitive calls) in 5.644 seconds
 Ordered by: cumulative time
 ncalls tottime percall cumtime percall filename:lineno(function)
    4/1  0.000   0.000   5.644   5.644 {built-in method builtins.exec}
      1  0.002   0.002   5.644   5.644 cpu_profiling.py:1(<module>)
   1000  0.003   0.000   5.625   0.006 cpu_profiling.py:5
➥ (an_expensive_function)
   1000  5.622   0.006   5.622 0.006 {built-in method time.sleep}
      ...
```

在该运行过程的 1000 次调用中，an_expensive_function 每次调用平均花费 6 毫秒，这会在该函数内累计花费 5.625 秒。

当查看 cProfile 的输出时，开发人员会希望查找具有高 percall 值或在 cumtime 值上有巨大跳跃的调用。这些特性意味着调用会占据程序执行的大量时间。提高一个慢速函数的速度能够很大程度地改进程序的执行速度，而缩短一个被调用了数千次的函数的执行时间则是巨大的改进。

4.5 试一试

思考下列代码，该代码中包含一个函数 sort_expensive，对 0～999, 999 范围内的 1000 个整数进行排序。还包含另外一个函数 sort_cheap，只对 0～999 范围内的 10 个整数进行排序。

排序算法通常比 $O(1)$时间复杂度更大，因此 sort_expensive 函数花费的时间会比 sort_cheap 长。如果每次只运行一个函数，在时间上，sort_cheap 会获得绝对的胜利。但如果需要运行 sort_cheap 1000 次，那么哪个操作会更快就不太清楚了。

```python
import random


def sort_expensive():
    the_list = random.sample(range(1_000_000), 1_000)
    the_list.sort()


def sort_cheap():
    the_list = random.sample(range(1_000), 10)
    the_list.sort()

if __name__ == '__main__':
    sort_expensive()
    for i in range(1000):
        sort_cheap()
```

要理解性能，就要对该代码进行分析。使用 timeit 和 cProfile 模块，可以查看每个任务的价值。

4.6　本章小结

- 在开发过程中，应预先对性能进行迭代设计。
- 应充分思考适合任务的数据类型。
- 如果不需要一次性使用所有值，最好优先采用生成器，其次采用列表，以节省内存。
- 应使用 Python 中的 timeit 和 cProfile/profile 模块验证有关复杂度和性能的假设。

第 5 章

测试软件

本章内容：
- 了解测试结构
- 使用不同方法测试应用程序
- 使用 unittest 框架编写测试
- 使用 pytest 框架编写测试
- 采用测试驱动的开发

前几章提到，为了实现可维护性，可以使用命名好的函数编写清晰的代码，但这只是其一。在添加了一个又一个功能之后，是否可以确定应用程序仍按预期执行操作？任何应用程序若要长期使用，都需要保证其使用寿命。测试可以帮助你正确构建新功能，并且每次更新代码时都可以再次运行这些测试，确保构建正确无误。

对于不能出现失误的应用程序而言，测试是一个严格且正式的过程，就像发射航天飞机和保持飞机飞行一样。这样的测试十分严格，这一点通常在数学上可以证明。这非常有意思，但超出了大多数 Python 应用程序所需或实际的范围。本章将学习 Python 开发人员测试代码的方法和工具，并尝试自主编写测试。

5.1　什么是软件测试

　　宽泛地说，软件测试是验证软件行为是否符合期望的过程。这包括确保某一功能在给定特定输入时可以产生预期的输出，也包括确保应用程序可以承受一次处理 100 个用户的压力。开发人员总会本能地进行某种形式的软件测试。比如开发网站时，你可能会在本地运行服务器，在编写代码时会检查浏览器中的更改，这都是测试形式之一。

　　有人可能会认为花费更多时间验证代码的有效性，就意味着发布软件的时间减少了。短期来看，确实如此，尤其在熟悉了测试相关的工具和过程后更是如此。但是长期来看，通过避免行为和性能错误的再次出现，以及提供一个将来可以很好地重构代码的支架，测试能大大节省时间。一段代码对业务越关键，就越需要花费更多的时间进行彻底的测试。

5.1.1　软件是否按照要求运行

　　测试软件的一个原因是要确定软件能否按照要求工作。命名好的函数可以让读者知道函数的意图，但是，众所周知，光有美好的愿望是无济于事的。我不知道有多少次在编写函数时，完全相信它已经达到了预期的目的，但后来才发现自己犯了错。

　　有时，这些错误很容易发现，比如熟悉的代码区域中的错别字或异常情况可能很容易找到。难以发现的棘手错误往往不会立即造成困扰，但随着应用程序的推进会出现越来越多的问题。通过良好的测试，可以尽早发现问题，以后也可以避免应用程序受到类似问题的影响。软件测试的类别很多，每个类别都专注于识别特定种类的问题。本节将有所介绍，但不会详尽罗列。

5.1.2 功能测试剖析

前文已经提到,测试可以确保软件为给定输入产生正确的输出。这种测试称为功能测试(functional test),因为它可以确保代码正常运行。这与其他类型的测试相反,如性能测试(请参见 5.6 节)。

虽然功能测试的策略因规模和方法而有所不同,但功能测试的基本结构仍是一致的。因为我们需要检查软件能否根据给定的输入产生正确的输出,所以,所有功能测试都需要执行一些特定的任务,包括以下内容:

(1) 准备软件输入。

(2) 确定软件的预期输出。

(3) 获取软件的实际输出。

(4) 比较实际输出和预期输出,查看是否匹配。

如图 5-1 所示,开发人员创建测试时需要做的大部分工作就是准备输入和确定预期输出,而获取和比较实际输出则与代码的具体执行有关。

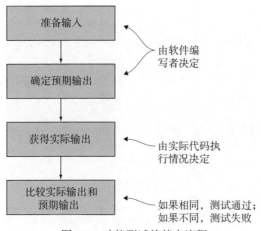

图 5-1　功能测试的基本流程

使用这种方式建构测试有另一个好处:可以把测试看成代码运行的规范。在回顾很久以前编写的代码时(对我来说可能是回顾上周

所写的代码)，这是值得的。对于 calculate_mean 函数的一个合理的
测试如下：

> 给定整数列表[1，2，3，4]，calculate_mean 的预期输出为 2.5。验证
> calculate_mean 的实际输出是否符合预期。

此格式可扩展到更多的功能工作流程中。在电子商务系统中，
"输入"可能是单击产品，然后单击 Add to Cart(添加到购物车)，而
预期的"输出"是要添加到购物车中的物品。该工作流程的功能测
试如下：

> 假定访问产品 53-DE-232 的页面，并单击 Add to Cart，我希望在购物车中看
> 到产品 53-DE-232。

最后，当测试不仅可以验证代码的有效性，还可以作为指南来
使用时，这是不错的选择。下一节将介绍如何将功能测试的编写方
法应用于其他测试方法。

5.2　功能测试方法

在实际操作中，功能测试有多种形式。无论是开发人员例行的
小检查，还是每次产品部署之前开始的全自动测试，都有一系列的
实践和功能。以下有几种测试类型，建议阅读每种测试类型，以了
解它们之间的异同。

5.2.1　手动测试

手动测试(manual test)是运行应用程序的一种操作，即为应用程
序提供输入，检查输出是否达到预期。例如，在为网站编写注册工
作流程时，应输入用户名和密码，并确保创建了新用户。如果有密
码要求，则需要测试密码无效时是否未创建新用户。同样地，还需
要测试给定用户名是否已经存在对应的用户。

对大多数用户而言，在网站上注册通常只是产品体验的一部分
(而且是一次性的)。但是，如你所见，必须测试几种不同的情况。

如果出现任何问题，用户就无法注册，或其账户信息可能会被覆盖。由于此代码非常重要，因此长时间进行手动测试最后可能会出现遗漏。手动探索应用程序中的新漏洞或新的测试点仍然是有价值的，但应作为其他类型测试的补充。

5.2.2　自动化测试

不同于手动测试，自动化测试(automated test)允许开发人员编写大量测试，而且可以想执行多少次就执行多少次，因此开发人员不必担心在周五离开办公室时，周末会错过任何检查。看起来你可能没这种顾虑，其实这种时候常常有，我就经历过。

自动化测试加强了反馈循环，因此可以快速查看做出的更改是否违反了预期的行为。与手动测试相比，节省下来的时间可以让你腾出精力来对应用程序进行更具创造性的探索性测试。当你发现要修复的问题时，应将问题合并到自动化测试中。你可以把这看作锁定验证，确保不会再次发生特定错误。本章其余的大多数测试都是自动化测试，而且现实情况中的很多测试通常也是自动化测试。

5.2.3　验收测试

验收测试(acceptance test)可以验证对系统的高级要求，与"添加到购物车"这一工作流测试的本质最接近。根据特定要求，通过验收测试的软件可以交付。如图 5-2 所示，验收测试需回答诸如"用户能否成功完成购买过程并购买所需产品？"之类的问题。这些是对业务至关重要的检查，可以确保一切正常运转。

验收测试通常由业务相关人员手动进行，也可以通过端到端测试(end-to-end test)，在一定程度上实现自动化。端到端测试要确保可以执行一组操作(从一端到另一端)，并在需要的地方使用合适的数据流。如果从用户的角度描述这种工作流，则几乎都是"添加到购物车"这类表述。

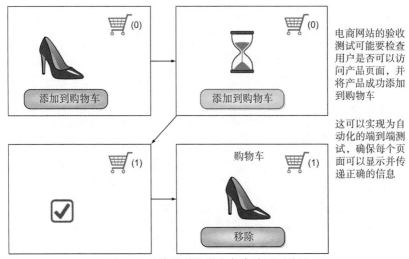

电商网站的验收测试可能要检查用户是否可以访问产品页面，并将产品成功添加到购物车

这可以实现为自动化的端到端测试，确保每个页面可以显示并传递正确的信息

图 5-2　验收测试从用户角度验证工作流

确保测试人人能懂

Cucumber(https://cucumber.io)等库能够将自然语言的端到端测试描述为高级操作，例如"单击 Submit 按钮"。这些测试通常比一大堆代码更容易理解。使用自然语言编写步骤，能实现以组织中的大多数人都能理解的方式记录系统。

这种行为驱动开发(behavior-driven development, BDD)的思想允许你在端到端测试上与他人协作，即使对方没有软件开发经验也没有关系。许多企业一开始会使用 BDD 来定义期望的结果，之后只需要实现能使测试通过的代码。

端到端测试通常验证对业务具有高价值的领域，比如，如果购物车用不了，没人购买产品，就会失去收入，但这些测试也最容易受损，因为其功能跨度很大。如果工作流中的任何一环节出了问题，则整个端到端测试都将以失败告终。创建一组粒度不同的测试不仅能显示出整个工作流是否健康，还可以明确指出哪些步骤失败了。此过程可以使你更快速地查明问题。

端到端测试是粒度最小的测试，那么其他测试的情况如何呢？

5.2.4 单元测试

单元测试(unit test)是本章最重要的内容。单元测试可以确保软件的所有功能正常工作,并且为端到端测试等更大的测试工作打下坚实的基础。有关如何使用 Python 进行单元测试的内容,请参见 5.4 节。

定义 单元是一个很小的基本软件,就像"单位圆"中的"单位"一样。如何确定一个单元更像是一个哲学问题,但一个有效的定义是,单元是一段可以单独进行测试的代码。函数通常可以被视为单元,通过使用适当的输入来调用,可以独立地执行这些单元。而函数中的代码行不能分离,因此算不上一个单元。类中包含了许多可以进一步分离的部分,因此通常大于一个单元,但有时也会被视为单元。

单元测试旨在验证应用程序中所有单独的代码单元都能正常工作,并且该软件中的每个小模块都能按照说明运作。这是可以编写的最基础的测试,因此是测试的好起点。

函数是功能单元测试中的最常见对象。"函数/功能(function)"正如其名,说明函数的本质是输入输出。如果把代码的关注点分离为更小的函数,那么对这些函数进行测试就是对功能测试方法的直接应用。

事实证明,使用关注点分离、封装和松耦合来构造代码的最大好处之一就是,可以使代码更易于测试。测试可能会让人感到乏味,因此不要错过任何可以减少摩擦的机会。代码越容易测试,程序员就越有可能首先编写这些测试,从而收获对软件的信心。根据目前所学,单元就是指自然而然可以获得的分散小模块。

Python 中的大多数单元测试使用简单的相等比较来比较预期输出和实际输出。现在可以自己尝试一下,打开 Python REPL,创建以下 calculate_mean 函数:

```
>>> def calculate_mean(numbers):
...     return sum(numbers) / len(numbers)
```

现在，可以使用一些不同的输入来测试该函数，比较实际输出
与预期结果：

```
>>> 2.5 == calculate_mean([1, 2, 3, 4])
True
>>> 5.5 == calculate_mean([5, 5, 5, 6, 6, 6])
True
```

在 REPL 中尝试其他数字列表，验证 calculate_mean 能否给出
正确的结果。考虑可能会改变函数行为的有用输入集：

● 在负数情况下能正常工作吗？

● 当数字列表包含 0 时能正常工作吗？

● 列表为空时能正常工作吗？

为这些问题编写测试是值得的。有时你会发现代码中没有考虑
到的问题，在此过程中，你可能会发现别人没有考虑到的特定用例，
并进一步解决这个问题。

```
>>> 0.0 == calculate_mean([-1, 0, 1])
True                                          提出尚未考虑的
>>> 0.0 == calculate_mean([])            ◄──  例外情况
Traceback (most recent call last):
  File "<stdin>", line 1, in <module>
  File "<stdin>", line 2, in calculate_mean
ZeroDivisionError: division by zero
```

如果列表为空，则可以通过返回 0 来修复 calculate_mean：

```
>>> def calculate_mean(numbers):
...     if not numbers:
...         return 0
...     return sum(numbers) / len(numbers)
>>> 0.0 == calculate_mean([])
True
```

太棒了！calculate_mean 已经通过了我们抛出的所有用例。请记
住，单元测试是端到端测试等大型测试成功的基础。为了更好地理
解这种关系，以下章节将介绍另外两种测试类型。

5.2.5　集成测试

单元测试要确保代码的各个模块按照预期工作，而集成测试(integration test)侧重于确保所有单元协同工作以产生正确的行为(见图 5-3)。当有 10 个功能齐全的软件单元时，如果不能组合在一起完成需要的工作，那么这些软件单元没有什么用处。端到端工作流测试通常从用户角度进行框架设计，而集成测试则更关注代码的行为。这两种测试处于不同的抽象层次。

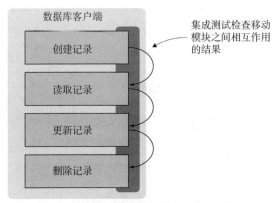

图 5-3　集成测试关注操作如何协同进行

但是，集成测试有几个缺点。由于集成测试需要多个代码模块组合在一起，因此所构建的测试通常与它们所测试的代码的结构非常相似。这在测试和代码之间产生了紧耦合，如果产生相同结果的代码出现了更改，可能会导致测试失败，因为测试更关注结果实现的过程。

集成测试可能执行起来比单元测试要花费更多的时间。集成测试通常不只是执行一些函数和检查输出，可能还要使用数据库创建和操作记录。被测试的交互更加复杂，因此执行交互所需的时间可能会增加。鉴于此，集成测试执行的次数通常少于单元测试。

5.2.6　测试金字塔

既然你已经掌握了手动测试、单元测试和集成测试，现在回顾一下它们之间的相互作用。如图 5-4 所示，测试金字塔[1]概念表明，你可以自由地应用单元测试、集成测试等功能测试，但是对于耗时长、不稳定的手动测试则要谨慎使用。每个测试都有各自的优点，但成功的关键取决于你所使用的应用程序和资源，这是一个良好的经验法则，可用于判断如何支配时间。

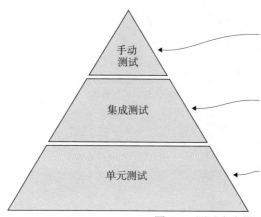

手动测试耗时长，并且对于临时中断、速度慢等情况十分敏感。手动测试固然有价值，但不应作为测试策略的基础

相比之下，集成测试运行得很快，但对代码结构的变化很敏感，而且不如单元测试运行快。可以经常使用集成测试，但要首先确保单元能够工作

软件由许多单元组成，编写良好的代码通常更利于功能测试。单元测试旨在对大多数的代码单元进行测试

图 5-4　测试金字塔

通过确保所有软件的小模块都能正常工作，实现彼此协同，可以创造最大效益。此外，将整个过程自动化能够节省大量时间，使你有时间去思考软件可能出现漏洞的新问题。随后你可以将这些想法纳入新的测试中，逐步树立信心，不断进步。

5.2.7　回归测试

回归测试(regression test)本身并不是一种测试方法，而是在开发应用程序时要遵循的一个步骤。在编写测试时，假设你要说："我想确保代码以这种方式继续工作。"如果你对代码的更改导致了测试行为的改变，这就是一种回归。回归是一种向不希望的(或至少是意外的)状态的转变，通常是一件坏事。

---

1 测试金字塔概念最先由 Mike Cohn 在其著作 *Succeeding with Agile* (Addison-Wesley Professional, 2009)中提出。

回归测试是在将代码交付之前，在每次代码更改之后运行现有测试套件的做法。测试套件是随着时间推移而建立的测试用例的集合，既可以用来验证作为单元/集成测试的代码，也可以用来修正探索性手动测试中发现的问题。许多开发团队会在持续集成(Continuous Integration，CI)环境中运行这些测试套件，在该环境中，对应用程序所做的更改经常会在程序发布之前进行组合和测试。持续集成的内容超出了本书的范围，但持续集成的想法是通过对所有的更改运行所有的测试来为成功做准备。强烈建议阅读 Travis CI(https://docs.travis-ci.com/user/for-beginners/)或 CircleCI(https://circleci.com/docs/2.0/about-circleci/)以了解更多信息。

版本控制钩子

在源代码控制系统中，使用预提交钩子(precommit hook)是自动执行单元测试的实践之一。每次提交代码时，钩子都会触发测试运行。如果出现漏洞，提交就会失败，并且会提醒你在提交代码之前进行修复。大多数单元测试工具都可以与这种方法很好地集成在一起。应在持续集成环境中再次运行测试，以确保在部署代码之前通过测试。

添加新功能后，新测试将添加到测试套件中。这些新测试将被锁定用于以后的回归测试。同样，发现漏洞后再添加相应的测试也十分常见，这样你就有信心确保某个特定的漏洞不会再次出现。就像代码一样，测试套件也不是完美的。但是，依靠一个强大的套件来告诉你什么时候出了问题，你可以专注于其他领域，比如创新和绩效。

现在，一起来看看如何用 Python 编写测试。

5.3 事实陈述

创建真实测试的下一步是断言(assert)一个特定的比较是正确的。断言是事实的陈述；如果做出的断言不成立，要么做出的某些假设不正确，要么断言本身不正确。如果断言"每天早晨都能看到地平线上的太阳"，那么在大多数情况下为真。但是，"当地平线上出现乌云时"，上述断言就不成立了。如果更新这个假设为"天空晴朗"，那么断言再次为真。

软件中的断言也是类似的。断言假设某些表达式必须成立，并且如果断言失败，就会报错。在 Python 中，可以使用关键字 assert 编写断言。断言失败时，会抛出 AssertionError。

可以在比较之前添加 assert，使用断言测试 calculate_mean。通过的断言没有输出，未通过的断言会显示 AssertionError 回溯：

```
>>> assert 10.0 == calculate_mean([0, 10, 20])
>>> assert 1.0 == calculate_mean([1000, 3500, 7_000_000])
Traceback (most recent call last):
  File "<stdin>", line 1, in <module>
AssertionError
```

许多 Python 测试工具的构建都是基于这种行为。这些工具使用该方法进行功能测试(设置输入，识别预期输出，获得实际输出，比较预期输出和实际输出)，从而帮助你进行比较，并能在断言失败时提供有价值的上下文。继续阅读下文，了解 Python 中两个最常用的测试工具如何处理代码的断言。

5.4　使用 unittest 进行单元测试

unittest 是 Python 的内置测试框架，虽然被称为 unittest，但它也可以用于集成测试。unittest 提供对代码进行断言的功能，也提供了运行测试的工具。本节将介绍测试的组织方式和运行方式，最后提供一些编写实际测试的练习。开始学习吧！

5.4.1　使用 unittest 测试组织

unittest 提供了一组用于执行断言的功能。前面章节叙述了如何编写原始的 assert 语句以测试代码，但是 unittest 提供了一个带有自定义断言方法的 TestCase 类，可让测试输出更易于理解。测试将继承该类，并使用多种方法进行断言。

我鼓励把这些测试类作为对测试进行分组的策略。这些类非常灵活，可以用来对任何测试分组。如果针对一个类要进行很多测试，那么把这些测试放在它们自己的 TestCase 中会是个好主意。如果要对一个类中的单个方法进行多次测试，甚至可以为此创建一个 TestCase。如果明白如何使用内聚、命名空间和关注点分离来编写代码，那么你可以将相同的想法应用于测试。

5.4.2　使用 unittest 运行测试

unittest 提供了一个测试运行器，可以通过在终端中输入 python -m unittest 来使用它。在运行 unittest 测试运行器时，它通过以下方式查找测试：

(1) 在当前目录(以及任一子目录)中查找名为 test_*或*_test 的模块。

(2) 在这些模块中查找继承于 unittest.TestCase 的类。

(3) 在这些类中查找以 test_开头的方法。

有些人喜欢把测试放在尽可能靠近相关代码的位置，这样可以更轻松地找到感兴趣的特定模块的测试。有些人喜欢把所有测试放在位于项目根部的测试目录中，以使它们与代码分离。我两种方式都用过，并没有特别偏爱哪一种，选择一种对你的团队或社区有用的方法即可。

5.4.3　使用 unittest 编写第一个测试

既然你已经了解了单元测试的工作方式，接下来需要进行测试练习。可以利用代码清单 5-1 中的类进行相关的测试练习。

代码清单 5-1　电商系统的产品类

```
class Product:
    def __init__(self, name, size, color):
```
创建产品实例时，要指定这些产品属性

```
        self.name = name
        self.size = size
        self.color = color

    def transform_name_for_sku(self):
        return self.name.upper()

    def transform_color_for_sku(self):
        return self.color.upper()
                                            库存量单位(SKU)是产品
                                            属性的唯一标识
    def generate_sku(self):    ◀
        """
        Generates a SKU for this product.

        Example:
            >>> small_black_shoes = Product('shoes', 'S', 'black')
            >>> small_black_shoes.generate_sku()
            'SHOES-S-BLACK'
        """
        name = self.transform_name_for_sku()
        color = self.transform_color_for_sku()
        return f'{name}-{self.size}-{color}'
```

这个类表示了一个电商系统中的产品。一个产品有一个名称、大小和颜色的选项，这些属性的每种组合都会产生一个库存量单位(Stock Keeping Unit，SKU)。库存量单位是公司用于定价和库存的唯一内部 ID，通常使用全大写格式。将这个类定义放置在 product.py 模块中。

创建产品模块后，开始编写第一个测试。在与 product.py 相同的目录中创建一个 test_product.py 模块，导入 unittest 并创建一个空的 ProductTestCase 类，该类继承自 TestCase 基类：

```
import unittest

class ProductTestCase(unittest.TestCase):
    pass
```

如果此时运行 python -m unittest，并且 test_product.py 中仅有
product_py 和空的测试用例，将提示没有运行任何测试：

```
$ python -m unittest
-------------------------------------------------------------
Ran 0 tests in 0.000s

OK
```

你可能会找到 test_product 模块和 ProductTestCase 类，但尚未在
其中编写任何测试。可通过在类中添加一个空测试方法来进行检查：

```
import unittest

class ProductTestCase(unittest.TestCase):
    def test_working(self):
        pass
```

再次尝试启动测试，可以看到这次执行了一项测试：

```
$ python -m unittest
.
-------------------------------------------------------------
Ran 1 test in 0.000s

OK
```

现在，可以施展真正的魔术了。记住功能测试的结构：

(1) 设置输入。

(2) 确定预期输出。

(3) 获取实际输出。

(4) 比较预期输出和实际输出。

如果要从 Product 类测试 transform_name_for_sku 方法，则方法
如下：

(1) 创建一个有名称、大小和颜色的 Product 实例。

(2) 观察 transform_name_for_sku 返回的 name.upper()，产生的
预期结果是大写的名称。

(3) 调用 Product 实例的 transform_name_for_sku 方法，并保存在变量中。

(4) 比较预期结果与保存的实际结果。

你可以使用常规代码编写前三个步骤，创建 Product 实例并获取 transform_name_for_sku 的值。第四步可以使用断言语句，但默认情况下，AssertionError 不会在回溯中提供太多信息。这时可以在单元测试中自定义断言。比较两个值最常用的方法是 assertEqual，该方法可以接受期望值和实际值作为参数。如果两个值不相等，则会触发 AssertionError，并显示两个值之间的差异信息。添加的上下文可以帮助你更轻松地发现问题。

下面是测试首次通过的情况：

```
import unittest

from product import Product


class ProductTestCase(unittest.TestCase):
    def test_transform_name_for_sku(self):
        small_black_shoes = Product('shoes', 'S', 'black')
        expected_value = 'SHOES'
        actual_value = small_black_shoes.transform_name_for_sku()
        self.assertEqual(expected_value, actual_value)
```

准备 transform_name_for_sku 的设置：带有属性的产品

描述 generate_sku 在给定输入下的预期结果

使用特殊的相等值断言方法比较这两个值

获取 generate_sku 的实际结果，并进行比较

现在，运行测试运行器时应显示 Ran 1 test，如果测试通过(测试应该通过)，就不会看到其他输出。

一个好主意是查看测试无法通过时会如何反应，它们是否会在代码出现问题时捕获问题。把期望值"SHOES"更改为"SHOEZ"，然后再次运行测试。现在，unittest 将触发 AssertionError，指出

'SHOEZ'！ ='SHOES':

```
$ python -m unittest
F
============================================================
FAIL: test_transform_name_for_sku
(test_product.ProductTestCase)
------------------------------------------------------------
Traceback (most recent call last):
  File "/Users/dhillard/test/test_product.py", line 11, in
➥ test_transform_name_for_sku
    self.assertEqual(expected_value, actual_value)
AssertionError: 'SHOEZ' != 'SHOES'
- SHOEZ
?     ^
+ SHOES
?     ^
------------------------------------------------------------
Ran 1 test in 0.001s

FAILED (failures=1)
```

大可相信测试正在监视代码中，因此可以把测试更改回适当的
值，然后继续进行另一个测试。

5.4.4　使用 unittest 编写第一个集成测试

既然你已经掌握了什么是单元以及如何进行单元测试，现在看
看如何测试多个单元的集成。单元测试旨在单独检查软件中的小模
块，因此，如果没有集成测试，就很难知道这些小模块能否协同工
作以产生有用的内容(见图 5-5)。

通过 SKU 系统，你可以管理库存中的产品，人们可以开始购买
产品了。创建一个具有添加和移除产品功能的新 ShoppingCart 类是
成功的第一步。购物车像字典一样存储产品，如下所示：

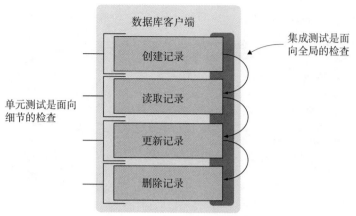

图 5-5 单元测试和集成测试

```
{                                     键(key)是产品库存
    'SHOES-S-BLACK': {                量单位
        'quantity': 2,
        ...                           购物车产品的元数据
    },                                嵌套词典,例如数量
    'SHOES-M-BLUE': {
        'quantity': 1,
        ...
    },
}
```

通过管理词典中的数据,ShoppingCart 类包含添加和移除产品的方法。

添加产品的数量至购物车

```
from collections import defaultdict

                                        使用 defaultdict 简化检查(检查
                                        购物车词典中是否已存在该产
class ShoppingCart:                     品)的逻辑
    def __init__(self):
        self.products = defaultdict(lambda: defaultdict(int))


    def add_product(self, product, quantity=1):
```

```
        self.products[product.generate_sku()]['quantity'] += quantity

    def remove_product(self, product, quantity=1):    ◄───┐从购物车移除
        sku = product.generate_sku()                       │产品的数量
        self.products[sku]['quantity'] -= quantity
        if self.products[sku]['quantity'] == 0:
            del self.products[sku]
```

ShoppingCart 行为提供了几个应测试的集成点：

● 购物车依赖于(与之集成)Product 实例的 generate_sku 方法。

● 添加和移除产品的功能必须协同工作，添加的产品也必须能
被移除。

测试这些集成看起来很像单元测试。不同之处在于测试期间的软
件执行量的多少。单元测试通常只在一个方法中执行代码，并断言输
出符合预期，集成测试可以运行许多方法并在此过程中进行断言。

对于 ShoppingCart，一个有用的测试是对购物车进行初始化，添加
产品，移除产品，并确保购物车为空，如代码清单 5-2 所示。

代码清单 5-2 ShoppingCart 类的集成测试

```
import unittest

from cart import ShoppingCart
from product import Product

                                                    测试设置与
                                                    之前的单元
                                                    测试类似
class ShoppingCartTestCase(unittest.TestCase):  ◄──┘
    def test_add_and_remove_product(self):
        cart = ShoppingCart()      ◄──────────── 创建购物车以添加产品
        product = Product('shoes', 'S', 'blue')  ◄── 创建一些蓝色的小鞋子

        cart.add_product(product)        ◄──────── 添加鞋子到购物车
  ┌───► cart.remove_product(product)
  │
  │     self.assertDictEqual({}, cart.products)  ◄── 购物车应该为空
  │
把鞋子从购物车中移除
```

此测试调用了购物车的__init__方法、产品的 generate_sku 方法，以及购物车的 add_product 和 remove_product 方法，等等。或许你已经预料到，集成测试通常会花费更长的时间。

5.4.5　测试替身

你经常要为与另一个系统(无论是数据库还是 API 调用)交互的代码编写测试。这些调用可能会对真实数据造成破坏性的影响，因此在运行测试时实际调用它们可能会产生糟糕的结果。调用可能会很慢，如果测试套件多次执行该代码区域，效果还会被放大。这些系统甚至可能不受控制，模仿系统而不是使用真实系统通常很有意义。

有多种巧妙的方法使用测试替身(test double)模仿这些系统：

* 伪造——使用与真实系统非常相似的系统，但是要避免昂贵的或破坏性的行为。
* 存根——使用预定值作为响应，而并非从实时系统中获取响应。
* 模拟——使用与真实接口相同的系统，但还需记录交互情况，方便以后的检查和断言。

Python 中的伪造和存根涉及将自己的模仿程序编写为函数或类，并告诉代码在测试执行期间使用这些程序。而模拟通常使用 unittest.mock 模块来完成。

假设代码调用 API 端点以获取产品销售的一些税收信息。你不想在测试中真正使用此端点，因为它需要几秒钟的响应时间。最重要的是，端点会返回动态数据，因此你不确定在测试中应该断言什么值。如果代码如下所示：

```
from urllib.request import urlopen


def add_sales_tax(original_amount, country, region):
    sales_tax_rate =
➥ urlopen(f'https://tax-api.com/{country}/{region}').read().decode()
```

```
    return original_amount * float(sales_tax_rate)
```

使用模拟的单元测试如下所示：

```
import io
import unittest
from unittest import mock

from tax import add_sales_tax


class SalesTaxTestCase(unittest.TestCase):
    @mock.patch('tax.urlopen')                              ◄──  mock.patch 装
    def test_get_sales_tax_returns_proper_value_from_api(        饰器模拟指定
        self,                                                    的对象或方法
        mock_urlopen        ◄──  测试函数接收模
    ):                           拟的对象或方法
        test_tax_rate = 1.06
        mock_urlopen.return_value = io.BytesIO(  ◄──
            str(test_tax_rate).encode('utf-8')           模拟的 urlopen 调
        )                                                用现在将返回模
                                                         拟的响应以及预
        self.assertEqual(      ◄──                       期的测试税率
            5 * test_tax_rate,
            add_sales_tax(5, 'USA', 'MI')      断言 add_sales_tax
        )                                      方法根据 API 返回
                                               的税率计算新值
```

　　通过这种测试，你可以声明"在给出这些假设的情况下，我控制的代码能以这种方式工作"，其中，这些假设是使用测试替身创建的。如果相信请求库能够按照说明工作，则可以使用测试替身来避免麻烦。如果将来需要使用不同的 HTTP 客户端库，或者需要更改获取税收信息的 API，则无须更改测试。

　　可能会出现过度使用测试替身的问题，对此我时不时地会感到内疚。通常情况下，你希望使用测试替身来避免前面提到的缓慢的、高昂的或具有破坏性的行为，但有时，模拟自己的代码来完全分离要测试的单元是很有诱惑力的。这可能导致脆弱的测试，当代码更改时，该测试经常会中断，部分原因是它们过于接近实现的结构。

如果要更改实现，必须要更改测试。

可尝试编写一些测试以验证自己的需求，但要灵活处理底层实现中的更改。这也是松耦合，松耦合不仅适用于实现代码，也适用于测试代码。

5.4.6　试一试

如何测试 Produc 和 ShoppingCart 类中的其他方法？请记住功能测试的秘诀，尝试为剩余方法添加其他测试。详尽的测试套件将包含对每种方法以及对该方法每种不同预期结果的断言。你甚至可能会发现细微的漏洞。提示一下，当从购物车中移除的物品多于所包含的物品时，测试看看会发生什么。

一些需要测试的值是字典。单元测试有一个特殊的方法，即 assertDictEqual，测试失败时会提供特定于词典的有用输出。

对于已经编写的简短测试，可以跳过把期望值和实际值保存为变量的操作，直接输入表达式作为 assertEqual 的参数：

```
def test_transform_name_for_sku(self):
    small_black_shoes = Product('shoes', 'S', 'black')
    self.assertEqual(
        'SHOES',
        small_black_shoes.transform_name_for_sku(),
    )
```

做过测试后，回来看代码清单 5-3，看看做得如何。在编写或更改测试后，记得使用单元测试运行器查看测试是否可继续通过。

代码清单 5-3　产品和购物车的测试套件

```
class ProductTestCase(unittest.TestCase):
    def test_transform_name_for_sku(self):
        small_black_shoes = Product('shoes', 'S', 'black')
        self.assertEqual(
            'SHOES',
            small_black_shoes.transform_name_for_sku(),
        )
```

```python
    def test_transform_color_for_sku(self):
        small_black_shoes = Product('shoes', 'S', 'black')
        self.assertEqual(
            'BLACK',
            small_black_shoes.transform_color_for_sku(),
        )

    def test_generate_sku(self):
        small_black_shoes = Product('shoes', 'S', 'black')
        self.assertEqual(
            'SHOES-S-BLACK',
            small_black_shoes.generate_sku(),
        )


class ShoppingCartTestCase(unittest.TestCase):
    def test_cart_initially_empty(self):
        cart = ShoppingCart()
        self.assertDictEqual({}, cart.products)

    def test_add_product(self):
        cart = ShoppingCart()
        product = Product('shoes', 'S', 'blue')

        cart.add_product(product)
        self.assertDictEqual({'SHOES-S-BLUE': {'quantity': 1}},
➡ cart.products)

    def test_add_two_of_a_product(self):
        cart = ShoppingCart()
        product = Product('shoes', 'S', 'blue')

        cart.add_product(product, quantity=2)

        self.assertDictEqual({'SHOES-S-BLUE': {'quantity': 2}},
➡ cart.products)

    def test_add_two_different_products(self):
```

```
cart = ShoppingCart()
product_one = Product('shoes', 'S', 'blue')
product_two = Product('shirt', 'M', 'gray')

cart.add_product(product_one)
cart.add_product(product_two)

self.assertDictEqual(
    {
        'SHOES-S-BLUE': {'quantity': 1},
        'SHIRT-M-GRAY': {'quantity': 1}
    },
    cart.products
)

def test_add_and_remove_product(self):
    cart = ShoppingCart()
    product = Product('shoes', 'S', 'blue')

    cart.add_product(product)
    cart.remove_product(product)

    self.assertDictEqual({}, cart.products)

def test_remove_too_many_products(self):
    cart = ShoppingCart()
    product = Product('shoes', 'S', 'blue')

    cart.add_product(product)
    cart.remove_product(product, quantity=2)

    self.assertDictEqual({}, cart.products)
```

可通过更新 remove_product 来修复购物车中的漏洞，如果数量小于或等于 0，则从购物车中移除该产品：

```
if self.products[sku]['quantity'] <= 0:
        del self.products[sku]
```

5.4.7　编写有趣的测试

　　良好的测试会使用能影响被测试方法行为的输入。SKU 通常都是大写，通常也不包含空格，仅包含字母、数字和破折号。但是，如果产品名称包含空格怎么办？你需要先删除空格，然后再将名称放入 SKU 中。例如，背心型(tank top)SKU 应该以"TANKTOP"开头。

　　这是一项新要求，因此可以编写一个新测试来描述代码的行为。

```python
def test_transform_name_for_sku(self):
    medium_pink_tank_top = Product('tank top', 'M', 'pink')
    self.assertEqual(
        'TANKTOP',
        medium_pink_tank_top.transform_name_for_sku(),
    )
```

　　该测试失败了，因为当前代码返回了'TANK TOP'。这没有关系，因为你对名称中带有空格的产品的支持尚未建立。此测试由于预料到的原因失败了，这意味着如果能编写代码来正确地处理空格，那么该测试就可以通过。

　　思考一下这类有趣的测试非常有价值，因为你可以在开发的早期阶段发现上述问题。然后，可以调查其他利益相关者，并询问："我们可能需要支持的所有产品名称格式是什么？"如果他们的回答能提供新信息，则可以将其合并到代码和测试中，从而提供更好的软件。

　　掌握了单元测试的好处后，再来了解 pytest。

5.5　使用 pytest 测试

　　虽然 unittest 是 Python 的内置框架，功能齐全并且框架成熟，但它也有一些缺点。一些人感觉它"不符合 Python 风格"，因为它使用的是 camelCase 命名法而不是 snake_case 命名法 (这是 JUnit 历史遗留内容)。unittest 还需要大量的样板(boilerplate)，这使得底层测试更难理解。

> **Python 式代码**
>
> 如果代码使用 Python 语言的特征和通用样式准则，则称为"Python 式"。Python 式的代码使用 snake_case 形式的变量和方法名，使用列表推导而不是简单的 for 循环，等等。

对于那些喜欢简洁测试的人来说，pytest 是一个很好的选择(https://docs.pytest.org/en/latest/getting-started.html)。一旦安装了 pytest，就可以使用前面看到的原始断言语句。pytest 中会执行一些隐藏的魔法操作以使语句工作，但却带来了流畅的体验。

默认情况下，pytest 会输出更具可读性的结果，告知系统信息、找到的测试数量、单个测试的结果以及总体测试结果的总结：

有关系统的信息
```
$ pytest
========== test session starts ==========
platform darwin -- Python 3.7.3, pytest-5.0.1, py-1.8.0,
➥ pluggy-0.12.0
rootdir: /path/to/ecommerce/project          pytest 发现
collected 15 items                           的测试数量

test_cart.py ............  [ 80%]       带有总体进度指示器的
test_product.py ..         [ 93%]       每一模块的测试状态
test_tax.py .              [100%]

======= 15 passed in 0.12 seconds =======    完整测试套件
                                              的结果总结
```

5.5.1 使用 pytest 测试组织

pytest 会像 unittest 一样自动发现测试，甚至会发现周围进行的任何 unittest。一个主要的区别是合适的 pytest 测试类命名是 Test *，并且不需要继承基类(如 unittest.TestCase)即可运行。

使用 pytest 运行测试的命令更简单：

```
pytest
```

由于 pytest 不需要从基类继承或使用任何特殊方法，因此不必严格地将测试组织到类中。不过，我仍然推荐 pytest，因为它是一个很好的组织工具。pytest 将在输出失败等情况中包含测试类的名称，这有助于了解测试位置及测试目的。总体而言，pytest 测试的组织方式类似于 unittest 测试的组织方式。

5.5.2　把 unittest 测试转换为 pytest

由于 pytest 可以发现现有的 unittest 测试，因此可以根据需要，将测试逐步转换为 pytest(如果你愿意的话)。对于到目前为止编写的测试套件，其转换如下所示：

- 从 test_product.py 中移除 unittest 导入。
- 将 ProductTestCase 类重新命名为 TestProduct，并从 unittest.TestCase 中移除继承关系。
- 把所有 self. assertEqual(expected, actual)替换为 assert actual == expected。

之前的测试用例在 pytest 下看起来更类似于代码清单 5-4。

代码清单 5-4　pytest 中的测试用例

self.assertEqual 消失了，
改用原始的断言语句

```
class TestProduct:          ◄─────  无须继承自任何基类
    def test_transform_name_for_sku(self):
        small_black_shoes = Product('shoes', 'S', 'black')
        assert small_black_shoes.transform_name_for_sku() == 'SHOES'

    def test_transform_color_for_sku(self):
        small_black_shoes = Product('shoes', 'S', 'black')
        assert small_black_shoes.transform_color_for_sku() == 'BLACK'

    def test_generate_sku(self):
```

```
small_black_shoes = Product('shoes', 'S', 'black')
assert small_black_shoes.generate_sku() == 'SHOES-S-BLACK'
```

如你所见，pytest 可让测试代码更加简短且更具可读性。它还提供了自己的特性框架，使得为测试设置环境和依赖项更加容易。为了深入了解 pytest 的所有内容，强烈推荐 Brian Okken 撰写的 *Python Testing with pytest: Simple, Rapid, Effective, and Scalable* 一书。

掌握了单元测试和集成测试，继续往下阅读，简要了解非功能测试。

5.6　超越功能测试

本章大篇幅介绍了有关功能测试的知识。首先要确保代码能正常工作以及正确无误，然后要确保代码能快速工作，因此功能测试要先于代码速度的测试。确定代码可以正常工作后，下一步就是确保代码的性能。

5.6.1　性能测试

性能测试可以让你知道所做的更改如何影响内存、CPU 和磁盘使用率。第 4 章介绍了可对代码单元进行性能测试的工具，其中使用了 timeit 模块。我使用 timeit 模块来查看针对特定代码行和函数使用什么方法。这些工具并非你自动化测试时要照做的标准，而是一种随意的对两种方法的比较，当想要知道两种实现哪种更快时，这些工具可以很快地编写出来。

当你开发具有大量关键操作(且要保持效率)的大型应用程序时，应该将一些自动化的性能测试集成到流程中，自动化性能测试在实践中看起来很像回归测试。如果你部署了一个更改，并注意到应用程序开始增加占用的内存(20%甚至更多)，那么这是一个好兆头，这表明应该研究此处更改。在修复了一段运行缓慢的代码片段之后，你若看到应用程序速度加快，那么恭喜你。

　　不同于单元测试可以产生二进制的"成功/失败"结果，性能测试更加趋向于定性。如果你看到应用程序随着时间的推移变慢(或者在部署后突然变化)，则需要查看一下。性能测试的本质会让自动化和监控变得更加困难，但是仍然存在解决方案。

5.6.2　负载测试

　　负载测试是性能测试的一种，但它提供了关于应用程序在出现故障之前可以推进多远的信息。也许负载测试消耗了太多的 CPU、内存或网络带宽，或者对于用户来说它太慢而无法可靠地使用。无论哪种情况，负载测试都会提供性能指标，你可以使用这些指标对提供给应用程序的资源进行微调。在更重要的情况下，负载测试可能会激发程序员改变系统的部分设计，从而提高效率。

　　与单元测试等相比，负载测试需要更多的基础架构和策略。为了清楚地了解负载下的性能，你需要模仿架构和用户行为方面的生产环境。考虑到应用程序级负载测试的复杂性，在我看来，负载测试位于测试金字塔中集成测试之上的某个位置(见图 5-6)。

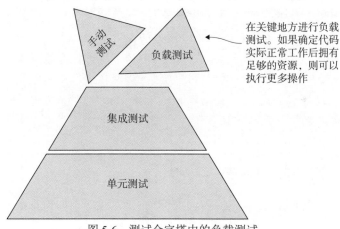

图 5-6　测试金字塔中的负载测试

　　负载测试有助于你在更接近真实用户行为的场景中对应用程序

进行性能测试。

5.7　测试驱动开发：入门

关于使用软件中的单元测试和集成测试来驱动软件开发，这一领域存在着一整套思路。通常来说，这些实践可被称为测试驱动开发(test-driven development，TDD)。测试驱动开发可以帮助你预先进行测试，从而从目前所讨论的测试中获益。

5.7.1　测试驱动开发是一种心态

对我而言，测试驱动开发的真正好处在于它带给我的思想观念。人们对于质量保证工程师一般存在这样的刻板印象：他们总是可以在代码中找到一些会出问题的地方。人们通常对此表示不屑一顾，但我认为这很了不起。能列举出系统可能崩溃的所有方式，这种工作十分有用而又令人印象深刻。

网飞(Netflix)使用混沌工程学的理念，把这一点发挥到了极致。网飞[2]积极思考系统可能发生故障的方式，还引入了一些无法预测的故障情况，找到了应对故障的创新方法。

在编写测试时，请尝试成为一名混沌工程师。有意地考虑代码可以承受的极端情况，然后付诸实践。当然，这也是有限制的：让所有代码都对所有输入做出可预测的响应是没有意义的。但是在Python 中，异常系统可让代码以可预测的方式对罕见或意外的情况做出响应。

5.7.2　测试驱动开发是一种哲学

测试驱动开发有一种围绕它的亚文化，相比于如何正确操作，如何不正确地操作更能说明问题。这是一种艺术形式，和其他任何

2　欲了解网飞在混沌工程领域的最新进展，请查看相关主题博客文集：https://medium. com/netflix-techblog/tagged/chaos-engineering。

文化运动一样，与它相关的风格和评论有很多。我发现了解不同的团队如何对待测试是很有用的。一旦这样做了，就可以确定自己喜欢的部分，并将其整合到自己的工作中。

　　一些测试驱动开发的文献提倡确保测试覆盖了代码的每一行。虽然在代码可处理范围内，不同用例的覆盖度越大越好，但是覆盖度过高则可能降低收益。有时在测试中覆盖最后几行代码，意味着要在使用继承测试的情况下，在测试和实现之间引入更紧密的耦合。

　　如果你发现测试某个功能行为的某些方面很困难或很棘手，可以试着确定一下是否是因为代码的关注点没有很好地分离，或者测试本身就棘手。如果必须包含棘手的代码，那么将其放在测试中要比放在真正的代码中更好。不要仅仅为了简化测试或提高覆盖度而重构代码，而应为了简化测试以及让代码更加一致重构代码。

5.8　本章小结

- 功能测试确保代码能够根据给定输入产生预期输出。
- 测试可以发现漏洞和简化重构代码，从长远来看可以节省时间。
- 手动测试不可扩展，应作为自动测试的补充。
- unittest 和 pytest 是 Python 的两种流行的单元和集成测试的框架。
- 测试驱动开发把测试放在第一位，引导开发人员根据需求实现代码。

第 III 部分

明确大型系统

　　第 II 部分介绍了软件设计的诸多概念，第 III 部分将开始应用这些概念。通过从头开始构建应用程序，你将掌握在开发生命周期的各个阶段如何应用这些软件设计概念。

　　虽然你的目标之一是设计出有效且快速运行的软件，但另一目标是让其他开发人员可以理解和维护这个软件。本章将向你展示软件设计是一个反复的过程，需要一定的回旋余地，并非总有一个正确或错误的答案，而且也很少达到"完成"这一步。你还将学习如何识别代码中的"痛点"，使用所学知识最大限度地减少工作量，最大限度地增加对软件设计的了解。

第 *6* 章

实践中的关注点分离

本章内容：
- 开发能够分离高级关注点的应用程序
- 使用特定类型的封装以降低不同关注点的耦合
- 创建良好的分离基础以确保未来的扩展

第 2 章介绍了有关 Python 关注点分离的最佳实践。分离关注点意味着在处理不同活动的代码之间创建边界，以使代码更易于理解。你已经知道了函数、类、模块和包在将代码分解成易于理解的片段时是非常有用的。第 2 章介绍了几种可用于关注点分离的工具，拥有一些使用这些工具的经验会非常有帮助。

实践出真知。在完成一个真实的项目时，我经常能发现以前从未见过的联系，或者发现要探索的新问题。在本章中，你将完成一个真实的应用程序，该应用程序很好地展示了如何实现关注点分离。在后续章节中，你会不断地完善该程序，最后获得一个有用的程序。

注意　本章及后续章节将充分使用结构化查询语言(structured query language，SQL)，这是一种领域专用语言(domain specific language，DSL)，用于处理和检索数据库中的数据。如果你以前还没有使用过 SQL，或者需要复习，可先阅读 Ben Brumm 教授的 *SQL in Motion*(www.manning.com/livevideo/sql- in-motion)，这是本不错的 SQL 入门教程。

6.1　命令行书签应用程序

本章将开发一个用于保存和组织书签的应用程序。

我不擅长做笔记，在整个学习和职业生涯中，我一直在努力寻找一种能够帮助我学习和保留信息的记笔记的方法。当我找到一个好资源，可以像小说一样引导我理解一个概念或给我丰富的示例时，我就像挖到了金子一样惊喜，但我通常要花时间阅读和实践这些资源中的信息。结果，在过去几年中，我积累了很多书签。也许有一天我可以把这些书签全部通读完！

大多数浏览器都缺少默认书签这一功能。尽管我可以把内容嵌套在文件夹中并进行命名，但通常很难想起之前为什么会保存这些内容。我的一堆书签都是与代码相关的文章，内容涉及测试、性能、新的编程语言等。当在 GitHub 上找到一个有趣的存储库时，我会使用 GitHub 的"star"功能将其保存起来以备后用，但 GitHub 上的"star"很有限。在撰写本章时，这些 stars 是一个很大的平面列表，只能通过编程语言进行过滤。无论使用哪种书签实现方式，它们大多是基于相同的基本原则构建的。

书签就是一个很好的小型 CRUD(Create Read Update Delete，创建、读取、更新和删除)工作流示例(见图 6-1)，这四个操作构成了世界上许多的数据驱动工具。你可以"创建"一个书签来保存将来可能使用的内容，然后"读取"其信息来获取网址。如果最初给书签添加的标题令人困惑，则需要"更新"书签标题，并通常在使用完后还要"删除"。这是一个编写应用程序的不错的出发点。

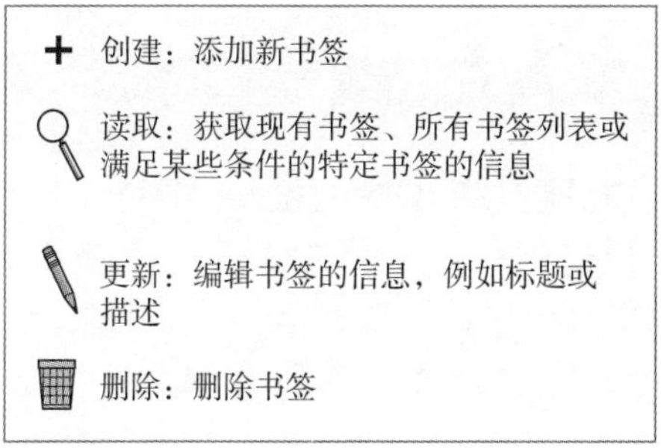

＋　创建：添加新书签

🔍　读取：获取现有书签、所有书签列表或
满足某些条件的特定书签的信息

✏　更新：编辑书签的信息，例如标题或
描述

🗑　删除：删除书签

图 6-1　CRUD 操作是许多管理用户数据的应用程序的基础

由于现有书签工具都缺乏详细描述这一功能，因此你的应用程序从一开始就应该包括这一功能。在接下来的章节中，你还会添加更多功能，并不断地实践下去。

6.2　踏上 Bark 之旅

你将要开发命令行书签应用程序 Bark。Bark 允许创建书签，目前这些书签由下列信息组成：

- ID——每个书签的唯一数字标识符
- 标题——书签的简短文本标题，如"GitHub"
- 网址——指向保存的文章或网站的链接
- 注释——关于书签的可选的详细描述或说明
- 添加日期——这是一个时间戳，以便查看添加书签的时间点(以防出现令人厌烦的拖延)

Bark 还允许列出所有已添加的书签，然后按 ID 删除特定的书签。所有这些操作都通过命令行界面(command-line interface，CLI)来管理，命令行界面是一个你在终端中与之交互的应用程序。启动后，Bark 的命令行界面提供选项菜单，选中每个选项后，都会触发读取或修改数据库的操作。

注意　在本章中，无须开发书签的 CRUD 中更新部分的功能。相关内容详见第 7 章。

分离关注点的好处

虽然 Bark 支持类似 CRUD 的操作，这些操作在此类应用程序中也十分普遍，但仍会出现各种情况。对于如此庞大的应用程序，记住关注点分离带来的好处非常重要：

- 减少重复。如果软件的每一个组件可以完成一件事，那么当两个组件在做同一件事时，可以轻松地看出来。你可分析相似的代码片段，看看把这些片段组合成实现同样行为的一种途径是否有意义。
- 增强可维护性。代码的读取频率要比编写频率高得多。因此如果代码每个片段都有明确的职责，那么可逐步理解的代码能让开发人员直接进入感兴趣的区域，了解自己的需求，然后再从中走出来。
- 易于泛化和扩展。具有一定职责的代码可以泛化成可解决多个用例的代码，或者可以进一步分解以支持更多不同的行为。而要完成多项任务的代码很难支持这种灵活性，因为很难发现更改会在何处产生影响。

在完成本章练习时，请记住这些好处。我的目标是让你在读完本章后，学会如何继续开发和扩展程序。为此，首先进行思考，然后实现可以支持该结果的高级架构。

6.3　初始代码结构

在开始开发 Bark 这样的应用程序时，我会尝试对它的工作原理进行简要的解释。这往往会让我有一个初步的架构。

例如，Bark 如何工作？如何可以简洁地描述其工作原理？以下这些陈述包含了问题的答案：使用命令行界面，用户可以选择添加、删除和列出存储在数据库中的书签选项。现在一起来分解一下：

- 命令行界面——这种方法能向用户呈现选项并显示所选的选项。
- 选择选项——一旦选择了选项，就会有一些操作或业务逻辑。
- 存储在数据库中——数据需要保留以备后用。

这些要点反映了 Bark 的高级抽象层。命令行界面是应用程序的表示层(presentation layer)，数据库是持久层(persistence layer)，操作和业务逻辑层(business logic layer)有点像连接表示层和持久层的粘合剂。每层都是一个相当独立的关注点，如图 6-2 所示。许多组织都使用这种多层架构(multitier architecture)，其中应用程序的每层(级)都可以自由发展。团队可以根据专业领域围绕每层进行组装，如果需要，每层都可以在其他应用程序中重用。

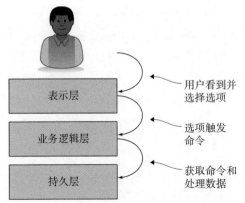

图 6-2　网页和桌面应用程序中经常使用的多层架构

在学习本章时，你会逐步开发 Bark 的这些层。因为每层都是一个分离的关注点，所以可以看成是单独的 Python 模块：

- 数据库模块。
- 命令模块。
- bark 模块，其中包含实际运行 Bark 应用程序的代码。我们将从持久层开始逐步进行开发。

应用程序架构模式

应用程序可划分为表示层、持久层以及操作或规则层，这是一种常见的模式。这种划分方法的某些变体非常普遍，人们还对其进行了命名。模型-视图-控制器(model-view-controller，MVC)是一种为持久性数据建模的方法，为用户提供了数据的视图，允许用户通过一些操作来控制对该数据的更改。模型-视图-视图模型(model-view-view model，MVVM)强调视图和数据模型之间可以自由通信。这些模型和其他多层架构都是关注点分离的绝佳范例。

6.3.1　持久层

持久层是 Bark 中的最底层(见图 6-3)，该层负责获取接收到的信息并将其传送给数据库。

开发人员会使用 SQLite，这是一种便携式数据库，将数据默认存储在单个文件中(www.sqlite.org/index.html)。与其他更复杂的数据库系统相比，这种数据库更方便，因为如果出了问题，可以通过删除文件从头开始。

图 6-3　持久层处理数据存储——这是应用程序的最底层

注意　虽然 SQLite 是使用最广泛的数据库之一，但默认情况下只能安装在某些操作系统上。建议从官方页面(https://sqlite.org/download.html)下载适用于操作系统的预编译二进制文件。

下面从数据库模块开始，创建一个 DatabaseManager 类，用于处理数据库中的数据。Python 提供了一个内置的 sqlite3 模块，可用来获取与数据库的连接，进行查询以及遍历结果。SQLite 数据库通常是一个扩展名为.db 的文件。如果和不存在的文件之间建立一个 sqlite3 连接，则模块会创建该文件。

数据库模块具有管理书签数据所需的大部分功能，其中包括：

- 创建表(用于对数据库进行初始化)
- 添加或删除记录
- 列出表中的记录
- 根据某些条件从表中选择记录并进行排序
- 计算表中的记录数量

如何进一步拆分这些任务？从前文描述的业务逻辑角度看，每一任务似乎都是分离的，那么持久层是什么情况呢？通过创建并执行适当的 SQL 语句，可以完成所描述的大多数操作。执行语句需要连接到数据库，这需要数据库文件的路径。

尽管管理持久层是一个高级的关注点，但当打开持久层时，得到的就是这些单独的关注点。关注点也应该分离，不过，首先要做的是连接数据库。

使用数据库

许多聪明人士已经开发出了出色而稳定的软件包，可让使用 Python 中的数据库变得更加容易。SQLAlchemy(www.sqlalchemy.org)是一种广泛使用的工具，不仅用于数据库交互，而且还通过对象关系映射(object-relational mapping，ORM)抽象数据模型。ORM 可让开发人员把数据库记录视作 Python 之类的语言对象，完全不必担心数据库的详细信息，Django 网页框架还提供了用于编写数据模型的对象关系映射。

> 　　本着边做边学的精神，你将在本章中编写数据库交互代码。这只限于 Bark，如果你想对应用程序的其余部分做更多操作，可以添加或替换代码。如果在以后的项目中需要使用数据库，请考虑是从头开始编写数据库代码，还是使用其中的第三方程序包。

1. 创建和关闭数据库连接

　　当 Bark 运行时，它只需要一个与数据库的连接，该连接可用于Bark 的所有操作。要建立这一连接，可以使用 sqlite3.connect，它接受要连接的数据库文件的路径。同样，如果文件不存在，则会创建一个文件。

　　DatabaseManager 的 __init__ 应该进行如下操作：

　　(1) 接受包含数据库文件路径的参数(不要进行硬编码，请分离关注点)。

　　(2) 使用数据库文件路径创建 sqlite3.connect(path)的 SQLite 连接，并存储为实例属性。

　　最好在程序完成后关闭与 SQLite 数据库的连接，减少数据损坏的可能性。为了实现对称，DatabaseManager 的 __del__ 应该使用连接的.close() 方法关闭连接，这是执行语句的基础。

```
import sqlite3


class DatabaseManager:
    def __init__(self, database_filename):
        self.connection = sqlite3.connect(database_filename)   ◄──┐ 创建并存储数据库
                                                                   连接供日后使用

    def __del__(self):
        self.connection.close()   ◄── 出于安全考虑，完成
                                      操作后须清理连接
```

2. 执行语句

　　DatabaseManager 需要采用一种方式来执行语句。这些语句有一些共同点，因此封装这些共同点为可重用的方法，能减少每次执行

新语句时因重写相同代码而出现错误的可能性。

有些语句会返回数据，这些 SQL 语句被称为查询(query)。Sqlite3
使用光标(cursor)的概念来管理查询结果，使用光标执行语句可遍历
返回的结果。不是查询的语句(如 INSERT、DELETE 等)不会返回任
何结果，但是光标会通过返回空列表来进行管理。

在 DatabaseManager 上编写_execute 方法，可使用光标执行所有
语句，并返回一个结果，可在需要的地方使用该结果。_execute 方
法应该进行如下操作：

(1) 接受语句作为字符串参数。

(2) 从数据库连接获取光标。

(3) 使用光标执行语句(详见后文)。

(4) 返回光标，该光标存储了已执行语句的结果(如果有结果)。

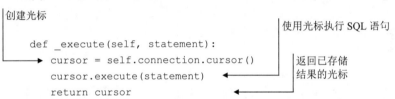

创建光标

使用光标执行 SQL 语句

```
def _execute(self, statement):
    cursor = self.connection.cursor()
    cursor.execute(statement)
    return cursor
```

返回已存储
结果的光标

非查询的语句通常会处理数据，如果在执行过程中出现任何不
良情况，数据可能会受损，数据库通过事务(transaction)这一功能来
防止出现这种情况。如果事务中执行的语句失败或中断，数据库会
回滚到上一项已知的工作状态。Sqlite3 通过上下文管理器(context
manager)——一个在代码进入和退出时使用 with 关键字提供一些特
殊行为的 Python 块，让用户使用连接对象来创建事务。

更新_execute，把光标的创建、执行和返回放到事务内部，如下
所示：

创建数据库事
务的上下文

```
def _execute(self, statement):
    with self.connection:
        cursor = self.connection.cursor()
        cursor.execute(statement)
        return cursor
```

在数据库事务中
执行

从功能上看，在事务内部使用.execute 可实现所需功能。但是，用占位符来代替 SQL 语句中的真实值是保证安全的做法，可防止用户使用特制查询执行恶意操作[1]。更新_execute，以适应以下两种情况：

- 字符串形式的 SQL 语句，可能包含占位符。
- 值列表，用于填充语句中的占位符。

本方法通过将两个参数传递给光标的 execute 来执行语句，execute 可以接受相同的参数。类似于以下代码片段：

值是可选项。有些语句没有可填充的占位符

```python
def _execute(self, statement, values=None):
    with self.connection:
        cursor = self.connection.cursor()
        cursor.execute(statement, values or [])
        return cursor
```

执行该语句，将所有传入值提供给占位符

有了数据库连接后，就能在该连接上执行任意语句。请记住，创建 DatabaseManager 实例时会自动管理连接，因此，除非需要更改，否则无须考虑打开和关闭的方式。现在，对于语句执行的管理是在_execute 方法中进行的，因此无须考虑如何执行语句，只需要告知执行何种语句即可。这就是分离关注点的作用。

有了这些构建模块，可以开发数据库交互了。

3. 创建表

需要做的第一件事是创建存储书签数据的数据库表。必须使用 SQL 语句创建此表。因为连接数据库和执行语句的关注点已抽象化，所以创建表的工作包括以下几项：

(1) 确定表的列名。

---

1 请参阅有关 SQL 注入的 Wikipedia 文章：https://en.wikipedia.org/wiki/SQL_injection。

(2) 确定每列的数据类型。

(3) 构造正确的 SQL 语句，使用这些列创建表。

请记住，每个书签都有一个 ID、标题、网址(URL)、可选注释以及添加日期。每列的数据类型和约束如下：

- ID——ID 是表的主键或每个记录的主要标识符。每次添加新记录时，会使用 AUTOINCREMENT 关键字自动递增。该列是整数(INTEGER)类型，其余都是文本(TEXT)类型。
- 标题——标题是必填项，因为如果现有书签只是网址，则很难浏览书签。可以使用 NOT NULL 关键字，告知 SQLite 该列不能为空。
- 网址——网址是必填项，因此也需要使用 NOT NULL。
- 注释——书签注释是可选项，因此仅需要文本(TEXT)说明符。
- 日期——添加书签的日期是必填项，因此需要使用 NOT NULL。

SQLite 中的表创建语句使用 CREATE TABLE 关键字，后跟表名、列表及数据类型。由于要在 Bark 启动时创建该表(如果该表尚不存在)，因此可以使用 CREATE TABLE IF NOT EXISTS。

根据先前对书签列的描述，用于创建书签表的 SQL 语句会是什么样呢？看看你是否可以将其写出来，然后根据代码清单 6-1 检查自己的工作。

代码清单 6-1　书签表的创建语句

```
CREATE TABLE IF NOT EXISTS bookmarks
(
    id INTEGER PRIMARY KEY AUTOINCREMENT,
    title TEXT NOT NULL,
    url TEXT NOT NULL,
    notes TEXT,
    date_added TEXT NOT NULL
);
```

每条记录的主要 ID，随着记录的添加自动增加

NOT NULL 要求使用值填充列

现在，可以编写创建表的方法。每列都由一个名称(如 title)来标

识，该名称映射到相应的数据类型和约束(如 TEXT NOT NULL)，因此字典是一种表示列的适当 Python 类型。该方法需要：

(1) 接受两个参数：要创建的表名，以及映射到数据类型和约束的列名的字典。

(2) 如前所示，构造一个 CREATE TABLE 的 SQL 语句。

(3) 使用 DatabaseManager._execute 执行语句。

现在尝试编写 create_table 方法，然后检查一下，与下列代码清单 6-2 进行比较。

代码清单 6-2　创建一个 SQLite 表

```
def create_table(self, table_name, columns):
    columns_with_types = [
        f'{column_name} {data_type}'
        for column_name, data_type in columns.items()
    ]
    self._execute(
        f'''
        CREATE TABLE IF NOT EXISTS {table_name}
        ({', '.join(columns_with_types)});
        '''
    )
```

使用数据类型和约束构造列定义

构造完整的创建表语句并执行语句

关于泛化

现在，只需要 Bark 的 bookmarks 表。本书已指出，不可以在早期进行优化，泛化也是如此。那么为什么不要使用通用的 create_table 方法呢？

在开始构建具有硬编码值的方法时，我会检查使用该方法的参数对值进行参数化的工作是否烦琐。例如，用 table_name 字符串参数替换'bookmarks'字符串不需要太多工作，而列及其数据类型也是如此。这种方式会让 create_table 方法足够通用，从而可以创建所需的大多数表。

稍后会使用此方法创建 bookmarks 表，在开发 Bark 应用程序时，

Bark 需要与之交互以管理书签。

4. 添加记录

现在可以创建表了，需要在其中添加书签记录。这是 CRUD 操作中的"C"(见图 6-4)。

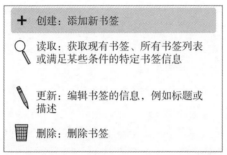

图 6-4　创建是 CRUD 中最基本的操作，因此这是许多系统的关键所在

SQLite 需要 INSERT INTO 关键字，后跟表名，以表明操作意图是向表中添加新记录。后面紧跟着提供的值列表(用括号括起来)、VALUES 关键字和提供的值(用括号括起来)。SQLite 中的记录插入语句如下所示：

```
INSERT INTO bookmarks
(title, url, notes, date_added)
VALUES ('GitHub', 'https://github.com',
➡ 'A place to store repositories of code', '2019-02-01T18:46:
➡ 32.125467');
```

请记住，与前文的_execute 方法一样，使用占位符这一方法很不错。前面查询的哪些部分应使用占位符？

(1) bookmarks

(2) title、url 等

(3) 'GitHub'、'https://github.com'等

(4) 上述所有部分

语句中只有文字值所在的位置才能使用占位符，因此(3)是正确

的答案。带有占位符的 INSERT 语句如下所示：

```
INSERT INTO bookmarks
(title, url, notes, date_added)
VALUES (?, ?, ?, ?);
```

要构造此语句，需要在 DatabaseManager 中编写一个 add 方法，包括以下内容：

(1) 接受两个参数：表名，以及将列名映射到列值的字典

(2) 构造一个占位符字符串(每个指定列使用一个?号)

(3) 构造列名称的字符串

(4) 以元组的形式获取列值(字典的.values()返回 dict_values 对象，该对象不适用于 sqlite3 中的 execute 方法)。

(5) 使用_execute 执行该语句，并将占位符和列值作为单独的参数传递给 SQL 语句

现在编写自己的 add 方法，然后与代码清单 6-3 进行比较。

代码清单 6-3　添加记录到 SQLite 表

```
def add(self, table_name, data):
    placeholders = ', '.join('?' * len(data))
    column_names = ', '.join(data.keys())          ← 数据库的键是列的名称
    column_values = tuple(data.values())           ← .values()返回 dict_values 对象，但是 execute 需要列表或元组

    self._execute(
        f'''
        INSERT INTO {table_name}
        ({column_names})
        VALUES ({placeholders});
        ''',
        column_values,                             ← 将可选择的 values 参数传递给_execute
    )
```

5. 使用子句来限制操作范围

如果要把记录插入数据库，只需要插入信息就可以，但是某些数据库语句会与一个或多个其他子句(clause)一起使用。子句会决定

语句将对哪些记录进行操作，例如，使用不带子句的 DELETE 语句可能会删除表中的所有记录，而这并不是你想要的。

WHERE 子句可以被附加到几种类型的语句中，以将语句的效果限制在匹配该条件的记录上，可以使用 AND 或 OR 组合多个WHERE 条件。例如，在 Bark 中，每个书签记录都有一个 ID，因此可以通过 ID 中带有 WHERE id = 3 之类的子句限制语句对特定记录进行操作。

这种限制对于查询(搜索特定记录的查询)和常规语句都非常有用。当需要删除特定记录时，这些子句很有用处。

6. 删除记录

书签失效后，需要一种方法来删除这些书签(见图 6-5)。如果要删除书签，可以使用 WHERE 子句通过 ID 指定书签，从而对数据库发出 DELETE 语句。

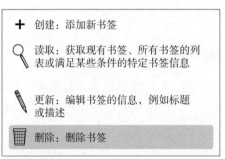

图 6-5　删除与创建相对，因此大多数系统也包含这一操作

在 SQLite 中，如果要删除 ID 为 3 的书签，语句如下所示：

```
DELETE FROM bookmarks
WHERE ID = 3;
```

与 create_table 和 add 方法一样，可以把此条件表示为字典，把列名映射到要匹配的值。编写一个 DELETE 方法，它能够：

(1) 接受两个参数：从中删除记录的表名，以及列名映射到匹配值的字典。条件应是必填参数,因为不想删除所有记录。

(2) 为 WHERE 子句构造一个占位符字符串。

(3) 构造完整的 DELETE FROM 查询,使用_execute 执行该查询。
完成自己的代码后,不妨和代码清单 6-4 中的进行比较。

代码清单 6-4   删除 SQLite 记录

```
def delete(self, table_name, criteria):
    placeholders = [f'{column} = ?' for column in criteria.keys()]
    delete_criteria = ' AND '.join(placeholders)
    self._execute(
        f'''
        DELETE FROM {table_name}
        WHERE {delete_criteria};
        ''',
        tuple(criteria.values()),
    )
```

使用_execute 的 values
参数作为要匹配的值

这里的条件参数是必需的,若不带任
何条件,所有记录都会被删除

7. 选择和排序记录

现在可以在表中添加和删除记录,但是如何检索这些记录呢?
除了创建和删除信息,还要能够读取已存储的记录(见图 6-6)。

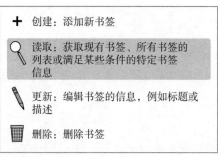

＋ 创建:添加新书签

🔍 读取:获取现有书签、所有书签的
列表或满足某些条件的特定书签
信息

✏️ 更新:编辑书签的信息,例如标题或
描述

🗑️ 删除:删除书签

图 6-6   读取现有数据通常是 CRUD 应用程序中很有必要的一部分

使用 SELECT * FROM bookmarks(*表示"所有列")和一些条件

在 SQLite 中创建查询语句:

```
SELECT * FROM bookmarks
WHERE ID = 3;
```

此外,可以使用 ORDER BY 子句,按特定列对这些结果进行排序:

```
SELECT * FROM bookmarks
WHERE ID = 3
ORDER BY title;
```
← 按标题列对结果进行升序排序

同样,应该在查询中有文字值的地方使用占位符:

```
SELECT * FROM bookmarks
WHERE ID = ?
ORDER BY title;
```

除了条件可选,select 方法看起来与 delete 方法有些类似(默认情况下,可获取所有记录)。select 方法还接受可选的 order_by 参数,指定对结果进行排序的列(默认为表的主键)。参考 delete 方法,现在可以编写 select,完成后回到此处,与下面的代码清单 6-5 进行比较。

代码清单 6-5　选择 SQL 表数据的方法

```
def select(self, table_name, criteria=None, order_by=None):
    criteria = criteria or {}                           ← 默认情况下,条件可以为空,因为可以选择表中的所有记录

    query = f'SELECT * FROM {table_name}'

    if criteria:                                         ← 构造 WHERE 子句对结果进行限制
        placeholders = [f'{column} = ?' for column in criteria.keys()]
        select_criteria = ' AND '.join(placeholders)
        query += f' WHERE {select_criteria}'

    if order_by:                                         ← 构造 ORDER BY 子句对结果进行排序
        query += f' ORDER BY {order_by}'

    return self._execute(                                ← 这次,希望使用 _execute 的返回值对结果进行迭代
        query,
        tuple(criteria.values()),
    )
```

现在你已经创建了数据库连接，编写了_execute 方法以在事务中执行带有占位符的任意 SQL 语句；还编写了添加记录、查询记录和删除记录的方法，这是目前操作 SQLite 数据库所需的全部内容。你刚才用了不到 100 行代码就完成了一个数据库管理器，做得很棒！

接下来，你将开发与持久层交互的业务逻辑层。

6.3.2   业务逻辑层

Bark 的持久层已搭建好，下面可以构建在持久层中添加数据和获取数据的层(见图 6-7)。

图 6-7   业务逻辑层确定何时以及如何从持久层读取数据或把数据写入持久层

当用户与 Bark 的表示层中的某些内容交互时，Bark 需要触发业务逻辑中的内容，并最终触发持久层。或许可尝试执行以下操作：

```
if user_input == 'add bookmark':
    # add bookmark
elif user_input == 'delete bookmark #4':
    # delete bookmark
```

但这会把呈现给用户的文本与需要触发的操作结合在一起。这样，每个菜单选项都有新的条件，如果想用多个选项触发同一命令，或者想要更改文本，则必须重构代码。而只有表示层知道显示给用户的菜单选项文本的话，就会很棒。

　　每个操作都类似一种命令，它根据用户的菜单选择执行相应的动作。通过将每一操作的逻辑封装为命令对象，并提供一致的方式(通过 execute 方法)完成触发，可把这些操作与表示层分离。然后，表示层可把菜单选项指向命令，而不必担心命令的工作方式。这被称为命令模式(command pattern)。[2]

　　接下来，你将在业务逻辑层中把每个 CRUD 操作和外围功能开发为命令。

1. 创建书签表

　　下面将一直是在业务逻辑层中进行一些操作，因此需要创建一个新的"命令"模块，以容纳所有要编写的命令。因为大多数命令都需要使用 DatabaseManager，所以可以从数据库模块导入，创建一个实例(称为 db)，以在整个命令模块中使用。请注意，__init__ 方法需要 SQLite 数据库的文件路径，建议命名为 bookmarks.db。省略任何前导路径都会导致在与 Bark 代码相同的目录中创建数据库文件。

　　如果尚不存在书签数据库表，则需要进行初始化，所以首先要编写一个 CreateBookmarksTableCommand 类，该类的 execute 方法可为书签创建表，可使用之前编写的 db.create_table 方法来创建书签表。在本章后续内容中，你会在 Bark 启动时触发此命令的运行。根据代码清单 6-6，检查你自己编写的代码。

代码清单 6-6　创建表的命令

```
db = DatabaseManager('bookmarks.db')
```
← 记住,如果数据库文件不存在,sqlite3 将自动创建该文件

该命令最终将在 Bark 启动时被调用

```
class CreateBookmarksTableCommand:
    def execute(self):
```

　　2　有关此模式的更多信息，请参见 Wikipedia 中有关"命令模式"的文章：https://en.wikipedia.org/wiki/Command_pattern。

创建具有必要列
和约束的书签表

```
db.create_table('bookmarks', {
    'id': 'integer primary key autoincrement',
    'title': 'text not null',
    'url': 'text not null',
    'notes': 'text',
    'date_added': 'text not null',
})
```

请注意，该命令仅知晓自身职责(调用持久层逻辑)及依赖项的接口(DatabaseManager.create_table)。这是松耦合，部分原因在于持久层逻辑和表示层逻辑最终分离了。通过这些练习，你可以越来越清楚地意识到关注点分离的好处。

2. 添加书签

添加书签需要把表示层接收到的数据传递到持久层。数据将以映射列名到值的字典形式传递。这是代码依赖共享接口而非实现细节的不错实例。如果持久层和业务逻辑层在数据格式上达成一致，则只要数据格式保持一致，持久层和业务逻辑层就可以各自执行所需操作。

编写执行此操作的 AddBookmarkCommand 类，该类会：

(1) 期待接收一个字典，其中包含书签的标题、网址和(可选)注释信息。

(2) 将当前日期时间作为 date_added 添加到字典中。使用 datetime.datetime.utcnow().isoformat()可获取具有广泛兼容性的标准化格式的 UTC 当前时间。[3]

(3) 使用 DatabaseManager.add 方法，在书签表中插入数据。

(4) 返回一条成功消息，该消息最终在表示层显示。

根据代码清单 6-7，检查自己的代码。

---

3 有关此时间格式的更多信息，请参见 Wikipedia 上有关"ISO 8601"的文章：https://en.wikipedia.org/ wiki / ISO_8601。

代码清单 6-7　添加书签的命令

```
from datetime import datetime

...
class AddBookmarkCommand:
    def execute(self, data):
        data['date_added'] = datetime.utcnow().isoformat()
        db.add('bookmarks', data)
        return 'Bookmark added!'
```

添加记录时，添加当前日期时间

稍后会在表示层中使用此消息

使用 DatabaseManager.add 方法，减少添加记录的工作量

现在，你已经编写好了创建书签所需的所有业务逻辑。接下来，列出添加的书签。

3. 列出书签

Bark 必须能显示已保存的书签，否则毫无用处。下面编写 ListBookmarksCommand，提供数据库中显示书签的逻辑。

你需要使用 DatabaseManager.select 方法，从数据库中获取书签。默认情况下，SQLite 按创建顺序对记录进行排序(即按表的主键)，但是按日期或标题对书签进行排序也很有用。在 Bark 中，书签的 ID 和日期的排序方式相同，因为在添加书签时，书签的 ID 和日期都会严格递增。但是，如果发生变化，最好按照感兴趣的列进行明确排序。ListBookmarksCommand 需要实现如下操作：

- 接受要排序的列，将其保存为一个实例属性，可以根据需要将默认值设置为 date_added。
- 将此信息传递给 execute 方法中的 db.select。
- 因为 select 是一个查询，所以要返回结果(使用光标的.fetchall()方法)。

编写命令，列出书签，然后回到此处，根据代码清单 6-8 检查自己的代码。

代码清单 6-8   列出现有书签的命令

```
class ListBookmarksCommand:
    def __init__(self, order_by='date_added'):
        self.order_by = order_by

    def execute(self):
        return db.select('bookmarks', order_by=self.order_by).
        ➡ fetchall()
```

你可以更改此命令的版本，
按日期或标题进行排序

db.select 返回光标，可以对
其进行迭代以获取记录

现在，已有足够的功能可以添加书签和查看现有书签了，管理
书签的最后一步就是删除书签。

4. 删除书签

与添加新书签一样，删除书签需要从表示层传递一些数据。但
是，这个数据只代表要删除书签 ID 的整数值。

编写一个 DeleteBookmarkCommand 命令，可以接受 execute 方
法中的信息，并将其传递给 DatabaseManager. delete 方法。请记住，
delete 可接受将列名映射为要匹配值的字典。此处，需要匹配 id 列
中的给定值。删除记录后，返回成功消息以供表示层使用。

返回此处，根据代码清单 6-9 检查自己的代码。

代码清单 6-9   删除书签的命令

```
class DeleteBookmarkCommand
:
    def execute(self, data):
        db.delete('bookmarks', {'id': data})
        return 'Bookmark deleted!'
```

delete 接受列名、匹
配值对的字典

5. 退出 Bark

只剩下最后一项润色任务了：编写退出 Bark 的命令。用户可以使
用常规的 Ctrl-C 方法停止 Python 程序，但是使用退出命令会更好一些。

Python 提供了 sys.exit 函数，用来停止程序执行。编写 QuitCommand，使用此方法的 execute 方法可退出程序。然后，根据代码清单 6-10 检查自己的代码。

代码清单 6-10　退出程序的命令

```
import sys

...
class QuitCommand
:
    def execute(self):
        sys.exit()  ◄─────────
```
执行此函数会立即退出 Bark

现在可以擦擦额头上的汗了！不是因为已经完成了工作，而是因为接下来要开发表示层了。

6.3.3　表示层

Bark 使用的是命令行界面。它的表示层(即用户看到的部分，如图 6-8 所示)是终端中的文本。根据应用程序的不同，CLI 可以一直运行到完成特定任务为止，或者可以一直运行到用户明确退出为止。因为编写的是 QuitCommand，所以应为一直运行到用户明确退出为止。

图 6-8　表示层向用户显示了可以采取的操作以及触发操作的方法

Bark 的表示层包含一个无限循环:

(1) 清除屏幕

(2) 打印菜单选项

(3) 获取用户选择

(4) 清除屏幕,执行与用户选择对应的命令

(5) 等待用户查看结果,完成后按 Enter 键

要处理表示层,需要创建一个新的 Bark 模块。最好把命令行应用程序的代码放入 if _name_ =='_main_': 块中,这可以确保不会因为在某处导入 Bark 模块而无意执行了模块中的代码。如果你从 Hello World! 这种程序类型开始,可以快速进行检查,确保设置正确。

在 Bark 模块中从以下内容开始:

```
if __name__ == '__main__':
    print('Welcome to Bark!')
```

尝试在终端运行 python bark.py。结果显示"Welcome to Bark!"。现在可以开始把表示层连接到某些业务逻辑层。

1. 数据库初始化

请记住,Bark 需要初始化数据库,如果还不存在书签表,则需要另行创建。导入命令模块,更新代码以执行 CreateBookmarks-TableCommand,如以下代码片段所示。更新并运行 python bark.py 之后,不会看到任何文本输出,但可以看到已创建了一个 bookmarks.db 文件。

```
import commands


if __name__ == '__main__':
    commands.CreateBookmarksTableCommand().execute()
```

这看起来可能是很小的操作,但是你已经完成了一些非常了不起的事情。这表明你的操作通过了多层架构(multitier architecture)中的所

有层。表示层(目前是运行 bark.py 操作)已经在业务逻辑层中触发了
一条命令，该命令又在持久层中设置了一个表，用以存储书签。每
一层都对周围环境有了足够的了解，足以胜任工作，这些都是很好
的分离和松耦合。在开始向 Bark 添加菜单选项以触发更多命令时，
这种情况会重复出现几次。

2. 菜单选项

启动 Bark 时，会显示菜单选项，如下所示：

```
(A) Add a bookmark
(B) List bookmarks by date
(T) List bookmarks by title
(D) Delete a bookmark
(Q) Quit
```

每个选项都有键盘快捷键和描述性标题。仔细观察，可以发现
这些选项一一对应于先前编写的命令。由于编写命令时使用的是命
令模式，每个命令都可以用与其他命令相同的方式触发——使用其
execute 方法。命令仅在所需的设置和输入方面有所不同，从表示层
的角度来看，命令可以做任何事情。

基于封装的相关知识，如何把表示层中的项目连接到所控制的
业务逻辑上？

(1) 使用条件逻辑，根据用户输入调用正确的 Command 类的
execute 方法。

(2) 创建一个类，把显示给用户的文本与触发的命令进行配对。

建议选择第二种方式。如果要把每个菜单选项连接到触发的命
令上，可以创建 Option 类。该类的 __init__ 方法可以接受菜单中显示
给用户的名称、用户选择要执行的命令实例以及可选的准备步骤(例
如，从用户处获得其他输入)，这些都可以存储为实例属性。

选择好后，Option 实例需要：

(1) 运行指定的准备步骤(如有)。

(2) 把准备步骤的返回值(如有)传递到指定命令的 execute 方法。

(3) 输出执行结果，这是从业务逻辑层返回的成功消息或书签

结果。

　　在向用户显示 Option 实例时，应将其表示为文本描述，可以使用__str__覆盖默认行为。将此工作从获取和验证用户输入的其余代码中抽象出来，从而可以分离关注点。

　　尝试编写 Option 类，查看代码清单 6-11，了解所需操作。

代码清单 6-11　连接菜单文本到业务逻辑命令

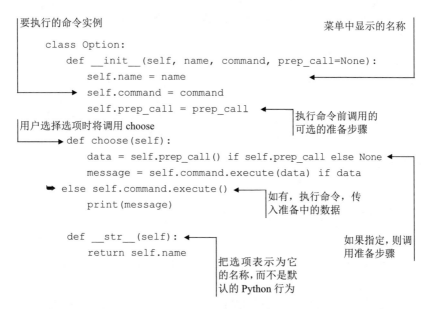

要执行的命令实例　　　　　　　　　　　　　　菜单中显示的名称

```python
class Option:
    def __init__(self, name, command, prep_call=None):
        self.name = name
        self.command = command
        self.prep_call = prep_call

    def choose(self):
        data = self.prep_call() if self.prep_call else None
        message = self.command.execute(data) if data
      else self.command.execute()
        print(message)

    def __str__(self):
        return self.name
```

用户选择选项时将调用 choose

执行命令前调用的可选的准备步骤

如有，执行命令，传入准备中的数据

如果指定，则调用准备步骤

把选项表示为它的名称，而不是默认的 Python 行为

　　有了 Option 类后，是时候开始连接先前创建的许多业务逻辑了。请记住，需要对每个选项做如下操作：

　　(1) 输出键盘键供用户输入，以供选择选项。

　　(2) 输出选项文本。

　　(3) 检查用户输入的内容是否与选项匹配，如果匹配，选择选项。

Python 的哪种数据结构可以很好地容纳所有选项？

```
1. list
2. set
3. dict
```

每个键盘键都映射一个菜单选项，需要对照可用选项检查用户输入，因此需要以某种方式保留这些配对。dict 是一个很好的选择，因为它可以提供键盘键和选项对，可以使用字典的.items()方法对其进行迭代，用以打印选项文本。特别建议使用 collections.OrderedDict，确保菜单选项始终按照指定的顺序打印。

创建 CreateBookmarksTableCommand 后，添加选项字典，为每个菜单选项添加项目。有了字典后，创建 print_options 函数。该函数可对选项进行迭代，并以先前的格式输出选项：

```
(A) Add a bookmark
(B) List bookmarks by date
(T) List bookmarks by title
(D) Delete a bookmark
(Q) Quit
```

根据代码清单 6-12，检查自己的代码。

代码清单 6-12　详列和输出菜单选项

```python
def print_options(options):
    for shortcut, option in options.items():
        print(f'({shortcut}) {option}')
    print()
...

if __name__ == '__main__':
    ...

    options = {
        'A': Option('Add a bookmark', commands.AddBookmarkCommand()),
        'B': Option('List bookmarks by date',
➥ commands.ListBookmarksCommand()),
        'T': Option('List bookmarks by title',
➥ commands.ListBookmarksCommand(order_by='title')),
        'D': Option('Delete a bookmark', commands.DeleteBookmarkCommand()),
        'Q': Option('Quit', commands.QuitCommand()),
    }
    print_options(options)
```

添加菜单选项后，运行 Bark 会输出所有添加的选项。目前还无法触发这些选项，因为需要获得用户输入。

3. 用户输入

本次开发的总体目标是完成从表示层到业务逻辑层到持久层的线性过程，下面需要做的就是与 Bark 用户进行交互。获取用户所需选项的方法如下：

(1) 使用 Python 的内置输入函数，提示用户输入选择。

(2) 如果用户的选择与列出的一个选项匹配，调用该选项的 choose 方法。

(3) 如果不匹配，重复操作。

要重复这种行为，可以在 Python 中使用以下哪种方法？

1. while 循环
2. for 循环
3. 递归函数调用

由于没有确定的最终状态来获取用户输入(用户可能输入 40 亿次无效选择)，因此 while 循环(即选项 1)最合适。当用户的选择无效时，请继续提示用户。如果愿意，可以接受每个选项的大写和小写形式，让选项变得更加容易。

编写一个 get_option_choice 函数，在输出选项后使用该函数获得用户的选择，再调用该选项的 choose 方法。试着编写自己的代码，并把代码与代码清单 6-13 进行比较。

代码清单 6-13　获取用户选择的菜单选项

```
def option_choice_is_valid(choice, options):
    return choice in options or choice.upper() in options

def get_option_choice(options):
    choice = input('Choose an option: ')
    while not option_choice_is_valid(choice, options):
        print('Invalid choice')
```

从用户处获取初始选择

如果字母与选项字典中的任一键匹配，则该选择有效

当用户的选择无效时，请继续提示

```
    choice = input('Choose an option: ')
return options[choice.upper()]
```

一旦用户做出有效选择，则返回匹配选项

```
if __name__ == '__main__':
    ...

chosen_option = get_option_choice(options)
chosen_option.choose()
```

此时可以运行 Bark，一些命令(例如列出书签和退出书签命令)会对输入进行响应。但正如之前所言，有一些选择需要额外的准备。你需要提供标题、描述等，以添加书签，并且需要指定书签的 ID 才能删除书签。这就像用户输入了要选择的菜单选项一样，需要提示用户输入此书签数据。

还有一个可以封装某些行为的机会。对于每条所需信息，都应该：

1. 提示用户创建如"标题"或"描述"的标签。

2. 如果需要该信息，而用户在不输入任何信息的情况下按下 Enter 键，则继续提示用户。

编写三个函数，其中一个函数提供重复的提示行为，另外两个函数使用第一个函数获取添加或删除书签的信息。然后，把每个信息获取函数作为 prep_call 添加到适当的 Option 实例。根据代码清单 6-14，检查结果，查看自己的操作方式，或查看自己是否陷入困境。

代码清单 6-14　从用户处收集书签信息

提示用户进行输入的一般函数

```
def get_user_input(label, required=True):
    value = input(f'{label}: ') or None
    while required and not value:
        value = input(f'{label}: ') or None
    return value
```

输入为空时，继续提示(如果需要)

获取初始用户输入

获取添加新书签所需数据的函数

```
def get_new_bookmark_data():
```

```
    return {
        'title': get_user_input('Title'),
        'url': get_user_input('URL'),
        'notes': get_user_input('Notes', required=False),
    }
```

书签的注释是可选
的，因此请勿继续
提示

获取删除书签
的必要信息

```
def get_bookmark_id_for_deletion():
    return get_user_input('Enter a bookmark ID to delete')

if __name__ == '__main__':
    ...
    'A': Option('Add a bookmark', commands.AddBookmarkCommand(),
➥ prep_call=get_new_bookmark_data),
    ...
    'D': Option('Delete a bookmark', commands.DeleteBookmarkCommand(),
➥ prep_call=get_bookmark_id_for_deletion),
```

如果一切顺利，你现在应该可以运行 Bark，添加、列出或删除
书签了！恭喜，干得不错。

添加新功能

前面已经介绍了很多内容，但我还想指出一些自己觉得令人兴
奋的内容。基于构建 Bark 的方式，如果要添加新功能，则要有一个
明确的路线图：

1. 将可能需要的所有新数据库处理方法添加到 database.py。
2. 在 commands.py 中，添加一个需要执行业务逻辑层的命令类。
3. 将新命令连接到 bark.py 中的新菜单选项。

这多么酷？！关注点分离可以让你清楚地看到，添加新功能时
需要扩展哪些代码区域。

在本章结束之前，还需要做一些润色工作。

4. 清除屏幕

在输出菜单或执行命令之前，清除屏幕可以更容易查看用户所

在的当前上下文。要清除屏幕，可以使用操作系统的命令行程序来
清除终端文本。在许多操作系统上，清除屏幕的命令都是 clear，但
在 Windows 上的命令是 cls。通过检查 os.name，可以确定是否在
Windows 上——若在 Windows 上，则显示为'nt' (Windows NT 适用于
Windows 10，macOS 适用于 Mojave)。

　　编写 clear_screen 函数，该函数使用 os.system 进行适当的调用，
代码如下所示：

```
import os


def clear_screen():
    clear = 'cls' if os.name == 'nt' else 'clear'
    os.system(clear)
```

　　在调用 print_options 以及用户所选选项的.choose()方法之前，调
用如下方法：

```
if __name__ == '__main__':
    ...

    clear_screen()
    print_options(options)
    chosen_option = get_option_choice(options)
    clear_screen()
    chosen_option.choose()
```

　　当菜单和命令结果需要反复输出时，这十分有用，而这也是本
章难题的最后一部分了。

5. 应用程序循环

　　最后一步是循环运行 Bark，这样用户可以连续执行多个操作。
为此，创建一个 loop 方法，并把除了数据库初始化外的所有内容都
从 if __name__ == '__main__'块移入其中。返回至 if __name__ ==
'__main__'块，在 while True:块内调用 loop。在 loop 结束时，添加一

行代码暂停程序的执行，等待用户按 Enter 键才能继续。

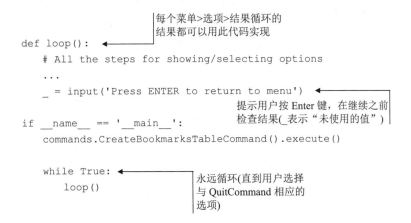

现在，Bark 会在每次交互后为用户提供一种返回菜单的方法，菜单会为用户提供退出选项。至此，已经涵盖了 Bark 应用程序的所有基本内容。你怎么看？我认为是时候开始使用 Bark 了。

6.4　本章小结

- 关注点分离是一种用于实现代码可读性和可维护性的工具。
- 用户端应用程序常分为持久层、业务逻辑层和表示层。
- 关注点分离与封装、抽象、松耦合紧密配合。
- 应用有效的关注点分离可有效地添加、修改和删除功能，而不会影响周围的代码。

第 **7** 章

可扩展性和灵活性

本章内容：
- 使用控制反转，提高代码的灵活性
- 使用接口，提高代码的可扩展性
- 在现有代码中添加新功能

　　在许多成熟的组织中，开发人员的日常工作不仅包括编写新的应用程序，还包括更新现有的应用程序。如果你负责给现有的应用程序添加新功能，那么你的目标就是扩展该应用程序的功能，即通过添加代码来引入新行为。

　　有些应用程序可以灵活地应对变化，还可以适应需求的变化，而有些程序可能就要开发人员大费周章了。本章将通过给 Bark 添加"导入 GitHub stars"功能，学习编写具有灵活性和可扩展性软件的策略。

7.1　什么是可扩展的代码

　　如果在代码中添加新行为对现有行为影响很小或没有影响，则可以认为该代码是可扩展的。换言之，如果可以在不更改现有代码的情况下添加新行为，则该软件是可扩展的。

　　思考一下 Google Chrome 或 Mozilla Firefox 等网络浏览器，你可能在其中的一个浏览器中安装了一些软件，用来阻止广告，或把正在阅读的文章轻松保存到 Evernote 之类的笔记工具上。Firefox 把这些可安装的软件称为附加组件(add-on)，而 Chrome 称之为扩展组件(extension)，这两种都是插件系统的示例，而插件系统是可扩展性的实现。Chrome 和 Firefox 并没有特别考虑广告拦截器或 Evernote，但它们均允许添加此类扩展组件。

　　诸如网页浏览器这类大型项目，只要能够满足成千上万用户的需求，就可以获得成功。事先预测所有这些需求是很了不起但不现实(一般人很难做到)，因此，可扩展系统可在产品投放市场后针对这些需求构建解决方案。开发人员不一定总要高瞻远瞩，但需要能够借鉴诸如此类的概念构建出更好的软件。

　　正如软件开发的许多方面，可扩展性是一个范围，要不断进行迭代。通过对关注点分离和松耦合等概念的实践，可以慢慢提高代码的可扩展性。随着代码可扩展性的逐步提高，你会发现添加新功能变得更快，因为几乎可以完全专注于这一新行为，而不必担心它对周围功能的影响。由于功能之间相对独立，不太可能出现因行为混杂导致的棘手错误，因此这也意味着可以更轻松地维护和测试代码。

7.1.1　添加新行为

　　上一章已经编写了 Bark 应用程序的开头，使用了多层架构来分离持久层、操作层和展示书签数据的关注点。接着，可以在这些抽象层之上构建一小组功能，以使某些功能更有用处。那么添加新功能又会出现什么情况呢？

　　在理想的可扩展系统中，在无须更改现有代码的情况下，添加新行为包括添加那些封装新行为的类、方法、函数或者数据(见

图 7-1)。

图 7-1　添加新行为到可扩展的代码

可以对此做个比较，扩展性较差的系统中，添加新功能可能需要把条件语句添加到这里的一个函数、那里的一个方法中等(见图 7-2)。这种变更的广度和粒度有时被称为"散弹式修改(shotgun surgery)"，因为在整个代码中添加功能会像发射一轮子弹一样需要不断地添加变更[1]。这常常说明关注点的混杂，也可能是个以不同方式进行抽

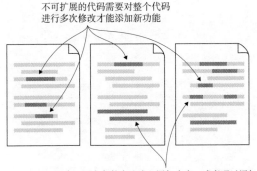

图 7-2　添加新行为到不可扩展的代码

---

1 若要了解更多有关"散弹式修改"和其他代码味道的信息，请查看 *Third International Conference on Information Technology: New Generations*(2006)中的"An Investigation of Bad Smells in Object-Oriented Design"，https://ieeexplore.ieee.org/document/1611587。

象或封装的机会。需要进行这种变更的代码是不可扩展的，创建新行为并非易事，你需要遍历代码，查找出对应的代码行，再进行变更。

上一章末尾提到，给 Bark 添加新功能相对简单：

- 如果需要，在数据库模块中添加新的数据持久逻辑。
- 添加新的业务逻辑到命令模块，以实现基本功能。
- 添加新选项到 Bark 模块，用以处理用户交互。

提示　重复代码并对新的副本更新，以执行所需的操作，这是一种非常有效的扩展方法。我偶尔也会使用这种方法，让原始代码更具扩展性。通过创建重复的版本并进行更改，可以查看两个版本之间的区别，之后就可以更轻松地把重复的代码重构为一个简单且多用途的版本。如果在没有全面了解代码使用方式的情况下使用重复的代码，则会承担太多的风险，代码面对日后的变更时会失去灵活性。所以，请记住，重复好过错误的提取。

如果 Bark 在执行上述三个操作时接近理想状态，则可以在不影响已有代码的情况下添加代码。在本章后面开始编写 GitHub stars 导入程序时，你会知道是否属于这种情况。但是，由于实际的系统很少处于理想状态，因此仍需要定期更改现有代码(见图 7-3)。那么在这些情况下如何应用灵活性？

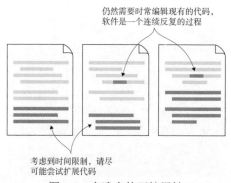

图 7-3　实践中的可扩展性

7.1.2　修改现有行为

更改自己或其他人已编写的代码可能有很多种原因。你可能需要更改代码行为(如当你修复一个 bug 或者处理需求中的变更时)。你可能需要进行重构，让代码易于使用，且行为保持一致。在这些情况下，不一定要用新行为扩展代码，但是代码的灵活性仍然发挥着重要作用。

灵活性可以用来衡量代码抵抗变更的能力。理想的灵活性意味着代码的任何片段都可以轻松地替换成另一种实现。需要散弹式修改的代码是僵化的，开发人员只有通过努力工作，才能克服代码对变更的反抗。Kent Beck 睿智地指出："对于每个所需的变更，要让变更变得容易(警告：这有可能很难)，然后再轻松地更改。"[2]首先，通过分解、封装等实践方法可以打破代码变更的阻力，为最初要进行的特定更改铺平道路。

在工作中，我很少在正在操作的代码范围内进行连续的重构。例如，操作的代码可能包含一组复杂的 if/else 语句，如代码清单 7-1 所示。如果需要更改这组条件中的行为，可能需要阅读其中大部分内容，了解在何处进行更改。而且，如果要进行的更改应用于每个条件的主体，则需要进行多次更改。

代码清单 7-1　条件到结果的刚性映射

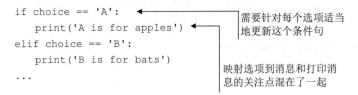

```
if choice == 'A':
    print('A is for apples')
elif choice == 'B':
    print('B is for bats')
...
```

需要针对每个选项适当地更新这个条件句

映射选项到消息和打印消息的关注点混在了一起

如何对此进行改善呢？

1. 从条件检查和正文中提取信息到 dict 中。

---

2 Kent Beck 在 2012 年 9 月 25 日发表于 Twitter，https://twitter.com/kentbeck/status/250733358307500032。

2. 使用 for 循环检查每个可用选择。

因为每个选择映射到特定的结果，所以把行为映射提取到字典中(选项 1)是正确的做法。通过把选择的字母映射到消息中的相应单词上，新版本的代码可以从映射中检索正确的单词，而不用考虑选取的选择。不再需要向条件语句中添加 elif 语句，也不必为新用例定义行为，可以从所选字母中添加单独的新映射到信息中要使用的单词，仅在末尾输出，如代码清单 7-2 所示。选项到消息的映射类似于程序中用于确定如何执行的配置信息。配置通常比条件逻辑更容易理解。

代码清单 7-2　一种更灵活的将条件映射到结果的方法

```
choices = {          ◄────────    提取选项到消息的映射，这样
    'A': 'apples',                 可以更轻松地添加新选项
    'B': 'bats',
    ...
}                                  结果是集中的，而
                                   输出行为是分离的

print(f'{choice} is for {choices[choice]}')  ◄────
```

此版本的代码更具有可读性。在代码清单 7-1 中，你需要了解各个条件以及条件的作用，而此版本则更清晰地构造出了一组选项和一行输出特定选项信息的代码。添加更多选择和更改输出的消息也会因此更加容易，因为它们彼此已经分离，而这都是在实现松耦合。

7.1.3　松耦合

最重要的是，可扩展性来自于松耦合系统。在没有松耦合的情况下，系统中的大多数变更都需要在开发中进行散弹式修改。假设编写的 Bark 没有围绕数据库和业务逻辑的抽象层，如代码清单 7-3 所示，则该版本难以阅读，部分原因在于代码布局(请注意深度嵌套)，另一部分原因在于代码段中的内容过多。

代码清单 7-3　实现 Bark 的过程式方法

```
if __name__ == '__main__':
    options = [...]

    while True:                        ← 深层嵌套强烈暗示着需要
        for option in options:            进一步分离关注点
            print(option)  ◄─────┘

        choice = input('Choose an option: ')

        if choice == 'A':  ◄──────  if / elif / else 很难推理
            ...
            sqlite3.connect(...).execute(...)  ◄──────
        elif choice == 'D':                    数据库行为是重
            ...                                复的，且与用户交
            sqlite3.connect(...).execute(...)  互混合在一起
```

　　该代码有一定作用，但如果尝试实现一种影响连接数据库方式的更改，或者是对底层数据库的修改，都需要付出很大的努力。此段代码有许多相互依赖的部分，可以彼此提供信息，因此，添加新行为意味着要找到可以添加另一个 elif 的正确位置，要编写一些原始的 SQL 语句等。由于每次添加新行为都会带来这些成本，因此该系统无法很好地扩展。

　　想象一下固态铁片中的原子，彼此紧密堆积，牢固地结合在一起。这让铁变得坚硬，并且不易弯曲或变形。但是铁匠想到了通过熔化铁的方式来应对铁的坚硬，这让原子变得松散，从而"铁水"可以自由流动。即使冷却后，铁仍然具有延展性，能够移动和弯曲而不会断裂。

　　这就是想要的代码，如图 7-4 所示。如果每个代码段只是松散地耦合到其他代码段上，那么这些代码段可以更自由地移动，而不会出现意外的断裂。如果让代码过于紧密地堆砌在一起，严重地依赖周围的代码，那么会使代码呈现出一种难以重塑的固定形式。

松耦合的代码段可以自由
移动，改变形状，这就像
液体中的分子一样

紧耦合的代码段依赖于周围的代码，
变更代码段十分困难，因为其他代
码段必须移动以适应该代码

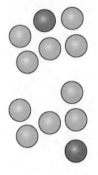
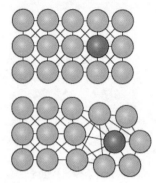

图 7-4   灵活性与僵化性的比较

编写 Bark 时使用松耦合，意味着可以通过 DatabaseManager 类上的新方法，或对现有(集中式)方法进行有重点的更改来添加新的数据库功能。新的业务逻辑层可以封装在新的 Command 类中，向菜单中添加内容就是在 Bark 模块的 options 字典中创建一个新选项并将其连接到命令。这有点像先前描述的浏览器插件系统。Bark 不会处理任何特定的新功能，但是可以通过一定的(而非巨大)努力添加新功能。

对松耦合的回顾表明了如何通过目前所学的知识设计灵活的代码。下面将介绍能够实现更高灵活性的新技术。

7.2   解决僵化性

代码的僵化性就像僵硬的关节。随着软件老化，最少使用的代码往往是最僵化的，并且需要一些操作才能使其再次松散。某些特定种类的僵化代码需要特别关注，因此要定期检查代码，寻找通过重构让代码保持灵活性的机会。

下面将介绍一些减少代码僵化的具体方法。

7.2.1　放手：控制反转

你已知道，由于组合允许对象重复使用行为，而不必将对象限制在特定的继承层级结构中，因此其好处优于继承。在把关注点分为许多小类并要重新组合这些行为时，可以编写一个使用这些小类实例的类，这种做法在面向对象的代码库中十分常见。

想象一下，你正在使用一个处理自行车及其零件的模块。打开这个自行车模块，然后查看代码清单 7-4 中的代码。在阅读以了解这段代码的用处时，请尝试评估代码是否践行了封装和抽象等内容以及程度如何。

代码清单 7-4　依赖于其他较小类的复合类

```
class Tire:                              小类用于组合
    def __repr__(self):
        return 'A rubber tire'

class Frame:
    def __repr__(self):
        return 'An aluminum frame'

                                         自行车创建
                                         所需的零件
class Bicycle:
    def __init__(self):
        self.front_tire = Tire()
        self.back_tire = Tire()
        self.frame = Frame()
                                         输出自行车
                                         所有零件
    def print_specs(self):
        print(f'Frame: {self.frame}')
        print(f'Front tire: {self.front_tire}, back tire:
        ➥ {self. back_tire}')
                                         创建自行车并
                                         输出其参数
if __name__ == '__main__':
    bike = Bicycle()
    bike.print_specs()
```

运行以下代码，可以输出自行车参数：

```
Frame: An aluminum frame
Front tire: A rubber tire, back tire: A rubber tire
```

这样就可以得到自行车了。封装看起来不错，自行车的每个零件都有自己的类，抽象的层次也很有意义。顶层是 Bicycle，可以访问顶层下面任一层中的零件。所以，这有什么问题吗？有了这一代码结构，还有什么是难以完成的吗？

1. 添加新零件到自行车

2. 更新自行车零件

事实证明，添加新零件到自行车上(选项 1)并不是一件很困难的事情。可以创建一个新零件实例，通过__init__方法存储在 Bicycle 实例中，同其他零件无异。在这种结构中，动态升级(变更)Bicycle 实例的各个零件(选项 2)非常困难，因为这些零件的类被直接编码到初始状态中了。

可以说 Bicycle 依赖于 Tire、Frame 和其他所需的零件。没有这些部分，自行车就会无法运转。但是，如果要使用 CarbonFiberFrame，则必须打开 Bicycle 类的代码进行更新。因此，Tire 目前是 Bicycle 的一种刚性依赖。

控制反转(inversion of control)意味着可以传入现有的实例供类使用，而不是在类中创建依赖项的实例(见图 7-5)。通过将控制权交给创建 Bicycle 的代码，反过来可以控制依赖项的创建。这一功能十分强大。

尝试更新 Bicycle.__init__方法，接受每一个它的依赖项的参数，并传递到该方法。完成后返回，查看代码清单 7-5，看看自己做得如何。

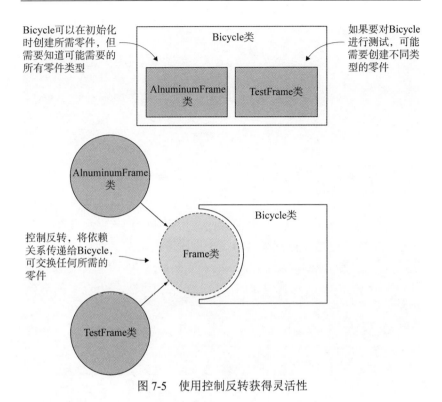

图 7-5　使用控制反转获得灵活性

代码清单 7-5　使用控制反转

```
class Tire:
    def __repr__(self):
        return 'A rubber tire'


class Frame:
    def __repr__(self):
        return 'An aluminum frame'

class Bicycle:
    def __init__(self, front_tire, back_tire, frame):
        self.front_tire = front_tire
        self.back_tire = back_tire
```

依赖关系在初始化
时传递到类中

```
        self.frame = frame

    def print_specs(self):                         创建 Bicycle 的代码
        print(f'Frame: {self.frame}')  ◄           提供了适当的实例
        print(f'Front tire: {self.front_tire}, back tire: {self.
        ➥ back_tire}')


if __name__ == '__main__':
    bike = Bicycle(Tire(), Tire(), Frame())
    bike.print_specs()
```

该代码获得的结果应与之前相同。似乎所做的一切只是在调整问题的方向，但这让自行车获得了一定程度的自由。现在，可以创建任何你想要的花哨的轮胎(fancy tire)或框架，用来代替基础版本。只要 FancyTire 具有与其他轮胎同样的方法和属性，Bicycle 就不会在意。

试着添加一个 CarbonFiberFrame 并升级代码。完成后，回来和代码清单 7-6 中的代码做比较。

代码清单 7-6　给自行车使用新框架

```
class CarbonFiberFrame:
    def __repr__(self):
        return 'A carbon fiber frame'
                                              碳纤维框架像普通框
...                                           架一样容易使用

if __name__ == '__main__':
    bike = Bicycle(Tire(), Tire(), CarbonFiberFrame())  ◄
    bike.print_specs()  ◄
                                   现在，在输出的参数中可
                                   以看到碳纤维框架了
```

在代码测试中，用最低的成本换得依赖关系的能力非常有价值。为了真正隔离类中的行为，开发人员有时会用双重测试来替换依赖关系的实现。对 Tire 的严格依赖会迫使开发人员为每个 Bicycle 测试模拟 Tire 类，以实现隔离。控制反转可以让你摆脱这种约束，例如，可以传递 MockTire 实例。这样，你就不会忘记模拟某些东西，因为你必须把某种轮胎传递给创建的 Bicycle 实例。

简化测试是要遵循本书原则的重要原因之一。如果代码难以测试，就会难以理解。如果代码易于测试，就会易于理解。虽然两者都不确定，但彼此相互关联。

7.2.2　细节决定成败：依赖接口

现在，你已经看到 Bicycle 依赖 Tire 等其他部件，并且许多代码也不可避免地具有这种依赖关系。但是，僵化还体现在另一种方式上，即高层代码过于依赖低层依赖关系的细节。我提示过，只要 FancyTire 具有与其他任何轮胎相同的方法和属性，它也可以被用于自行车。更正式地说，任何具有轮胎接口的对象都可以替换。

Bicycle 类不是很了解(或不感兴趣)特定轮胎的细节。它只关注轮胎是否具有特定的信息和行为。否则，轮胎可以自由地做想做的事情。

在高层代码和低层代码之间共享约定接口(与特定于类的细节不同)，这种做法将实现自由地交换进出。请记住，在 Python 中，鸭子类型的存在意味着不需要严格的接口。开发人员可自行决定哪些方法和属性构成特定的接口，并确保自己的类符合用户预期的接口。

在 Bark 中，业务逻辑层中的 Command 类提供了可作为接口的 execute 方法。用户选择选项时，表示层会使用此接口。特定命令的实现可根据需要进行任意变更，只要接口保持不变，表示层就不必更改。例如，如果 Command 类的 execute 方法需要附加参数，才需要变更表示层。

这也回到了内聚性。连接紧密的代码无须依赖接口，它们离得足够近，以至于在它们之间插入接口十分勉强。此外，处在不同类或模块中的代码已经分离，因此使用共享接口而不是直接进入其他类是最可行的方法。

7.2.3　抵抗熵：稳健性原则

　　熵是指组织随着时间推移变得混乱。代码刚开始通常小巧、整洁又易于理解，但随着时间的流逝，会逐渐变得复杂。这种情况产生的原因之一是代码为适应不同类型的输入而不断变长。

　　稳健性原则(Robustness Principle)又称为伯斯塔尔法则(Postel's Law)，指出："发送时要保守，接收时要开放。"这一原则的核心是，只提供必要的行为，达到预期的结果，同时开放地接受不完整或意外的输入。这并不是说应该接受世界上的任何输入，而是说要保持灵活性，为代码使用者简化开发。通过把较大范围的输入映射到已知的较小范围的输出，可以把信息流引向更有限的预期范围(见图7-6)。

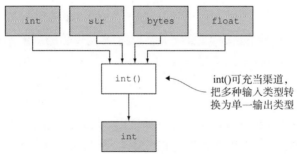

图 7-6　在输入映射到输出的过程中减少熵

　　考虑内置的 int()函数，把输入转换为整数，此函数仍适用于已为整数的输入：

```
>>> int(3)
3
```

此函数也适用于字符串：

```
>>> int('3')
3
```

此函数还适用于浮点数，只返回整数部分：

```
>>> int(6.5)
6
```

int 接受多种数据类型，并可全部归为整数返回类型，只有当其不清楚如何继续时才会抛出异常：

```
>>> int('Dane')
ValueError: invalid literal for int() with base 10: 'Dane'
```

请花些时间了解代码使用者可能期望提供的输入范围，然后控制该输入，以便只返回系统其余部分所期望的输入。本方法可以让代码使用者在进入系统时就获得灵活性，同时保持底层代码必须处理的情况数量处在可管理范围内。

7.3　扩展练习

掌握了扩展性和灵活性设计的内容，现在可以通过给 Bark 添加功能来应用这些概念。目前，Bark 相当于一种手动工具——可以添加书签，但是每次只进行一项操作，用户必须自己输入所有网址和描述。这十分烦琐，尤其是在不同的工具中已经保存了一堆书签的情况下。

为 Bark 构建 GitHub stars 导入程序(见图 7-7)。表示层中的这个新导入选项必须执行以下操作：

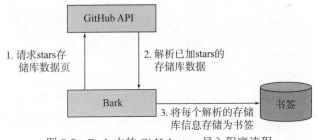

图 7-7　Bark 中的 GitHub stars 导入程序流程

(1) 提示 Bark 用户输入要从中导入 stars 的 GitHub 用户名。

(2) 询问用户是否保留了原始 stars 的时间戳。

(3) 触发相应命令。

触发的命令必须使用 GitHub API 来获取 stars 数据[3]。建议安装和使用 requests 包(https://github.com/psf/requests)。

stars 数据是分页的，因此该过程如下所示：

1. 获取 stars 搜索结果的初始页面(端点为 https://api.github.com/users/{github_username}/starred)。

2. 解析响应中的数据，使用数据为每个已加 stars 的存储库执行 AddBookmarkCommand。

3. 获取"Link: <...>; rel=next"标头(如果存在)。

4. 如果有下一页，则重复操作；否则停止。

注意　要获取 GitHub stars 的时间戳，必须在 API 请求中传递 Accept: application/vnd.github.v3.star+json 标头。

从用户角度看，交互应类似于以下内容：

```
$ ./bark.py
(A) Add a bookmark
(B) List bookmarks by date
(T) List bookmarks by title
(D) Delete a bookmark
(G) Import GitHub stars
(Q) Quit

Choose an option: G
GitHub username: daneah
Preserve timestamps [Y/n]: Y
Imported 205 bookmarks from starred repos!
```

事实证明，Bark 正如所编写的那样，并非完全可扩展，对于书签时间戳而言尤其如此。目前，Bark 使用 datetime.datetime.utcnow().isoformat()，将时间戳强制设定为书签创建的时间，但你希望

---

3 更多关于 GitHub stars 存储库 API 的内容详见 http://mng.bz/lony。

该选项保留 GitHub stars 的时间戳，这可通过控制反转来改善。

试着使用其原始行为作为后备，更新 AddBookmarkCommand，以接受一个可选的时间戳。根据代码清单 7-7，检查自己的代码。

代码清单 7-7　Bark 中的时间戳控制反转

```
class AddBookmarkCommand:

    def execute(self, data, timestamp=None):    ← 将可选的时间戳参数添加到 execute
        data['date_added'] = timestamp or datetime.utcnow().
        ➥ isoformat()    ← 把当前时间作为后备，使用传入的时间戳(若有提供)
        db.add('bookmarks', data)
        return 'Bookmark added!'
```

现在，AddBookmarkCommand 的灵活性已经提高，并且具有足够的可扩展性，可以满足 GitHub stars 导入程序的需求。你不需要在持久层上添加任何新功能了，因此可以专注于该新功能的表示层和业务逻辑层。尝试一下，然后根据下面的代码清单 7-8 和代码清单 7-9，检查自己的代码。

代码清单 7-8　GitHub stars 导入命令

```
class ImportGitHubStarsCommand:
    def _extract_bookmark_info(self, repo):    ← 给定存储库字典，提取所需片段，以创建书签
        return {
            'title': repo['name'],
            'url': repo['html_url'],
            'notes': repo['description'],
        }

    def execute(self, data):
        bookmarks_imported = 0                    stars 结果首页的网址

        github_username = data['github_username']
        next_page_of_results =
➥ f'https://api.github.com/users/{github_username}/starred'  ←
```

关于 stars
存储库的
信息

stars 创建时
的时间戳

在存在更多结
果页面的情况
下，继续获得
stars 结果

返回消息，表
明导入的
stars 数量

使用正确的标头告知
API 返回时间戳，获
取下一页结果

带有 rel=next 的
链接标头包含到
下一页的链接(如
果下一页可访问)

时间戳的格式
和现有的 Bark
书签使用的格
式相同

执行 AddBookmarkCommand，
填充存储库数据

```
    while next_page_of_results:
        stars_response = requests.get(
            next_page_of_results,
            headers={'Accept': 'application/vnd.github.v3.star+json'},
        )
        next_page_of_results =
    stars_response.links.get('next', {}).get('url')

        for repo_info in stars_response.json():
            repo = repo_info['repo']

            if data['preserve_timestamps']:
                timestamp = datetime.strptime(
                    repo_info['starred_at'],
                    '%Y-%m-%dT%H:%M:%SZ'
                )
            else:
                timestamp = None

            bookmarks_imported += 1
            AddBookmarkCommand().execute(
                self._extract_bookmark_info(repo),
                timestamp=timestamp,
            )

    return f'Imported {bookmarks_imported} bookmarks from starred repos!'
```

代码清单 7-9　GitHub stars 导入选项

获取 GitHub 用户名以
从中导入 stars 的函数

是否保留最初创
建 star 的时间

```
...

def get_github_import_options():
    return {
        'github_username': get_user_input('GitHub username'),
        'preserve_timestamps':
            get_user_input(
                'Preserve timestamps [Y/n]',
                required=False
```

```
        ) in {'Y', 'y', None},
    }
```

在用户表示"yes"时接受"Y"、"y"，或按Enter 键

```
def loop():
    ...
```

使用正确的命令类和函数，将 GitHub 导入选项添加到菜单中

```
    options = OrderedDict({
        ...
        'G': Option(
            'Import GitHub stars',
            commands.ImportGitHubStarsCommand(),
            prep_call=get_github_import_options
        ),
    })
```

更多练习

如果想获得更多有关扩展 Bark 的经验，请尝试编辑现有书签。

向 DatabaseManager 添加新方法，以更新记录。更新记录时需要用户指定要更新(类似于删除)的记录，以及要使用的列名和新的值。可以将已经在 add、select 和 delete 中编写的内容作为参考来使用。

表示层必须提示用户输入要更新的书签 ID、要更新的列以及要使用的新值，这会连接到业务逻辑层中新的 EditBookmarkCommand。

以上就是成为专业人士的必备内容，快试一试! 我提供的版本在本章的源代码中(请参阅 https://github.com/daneah/practices-of-the-python-pro)。

可以看出，将行为添加到可扩展系统可以是一项低摩擦操作。如果能将注意力集中于完成所需的行为，组合现有基础架构的各个部分来连接其他管道，那么这对开发人员来说是种享受。开发人员有这样一个时刻是难得的:你感觉自己似乎是乐团指挥，把弦乐、木管乐器和打击乐器慢慢组合在一起，创作出美妙的和声。如果乐

团不时发出刺耳的声音，请不要灰心，查找导致不和谐的僵化点，了解如何使用所学知识释放自我。

下一章将介绍更多有关继承关系，以及什么情况下适合采用继承的内容。

7.4　本章小结

- 构建代码要达到的效果：添加新功能就是添加新的函数、方法或类，而无须编辑现有的这些函数、方法或类。
- 控制反转允许其他代码根据需要定制行为，而无须更改底层实现。
- 要在类之间共享商定的接口，而不是提供彼此减少耦合的详细信息。
- 要仔细考虑要处理的输入类型，同时严格控制输出类型。

第 *8* 章

有关继承的规则(及例外)

本章内容:
- 同时使用继承和组合来建模系统
- 使用 Python 内置函数检查对象类型
- 使用抽象基类让接口更加严格

如果你用 Python 编写了自己的类或使用了基于类的框架,那么肯定会遇到继承(inheritance)。类可以从其他类继承,最终得到父类的数据和行为。本章将介绍 Python 中有关继承的详细信息,继承的使用场合,以及在哪里应该避免使用继承。

8.1 过去编程中的继承

在计算机编程的早期,继承就被构想出来了。尽管继承已经存在了很长一段时间,人们对于何时以及如何使用它仍然存在激烈的争论。在面向对象编程的大部分历史中,继承是游戏的名称。许多应用程序试图将真实世界建模为一个精心策划的对象层次结构，希望它能产生某种明显的、整洁的结构。这种范式深深地嵌入到面向对象的编程实践中，以至于面向对象编程和继承这两个概念几乎是不可分割的。

8.1.1 银弹

虽然继承有时是一个合适的工具，但它有时是"敲打每一颗钉子的锤子"——难以捉摸的"银弹(silver bullet)"。然而，能满足每一个需要的范式都是虚构的。

类继承在面向对象编程中普遍存在，悄悄地为许多开发人员埋下了挫败感。随着时间的推移，越来越多人彻底放弃了面向对象编程。这是一个不幸的结果。面向对象编程对于心智建模很有益处。在对正确的层次结构建模时，继承也有其作用。虽然继承并不是你遇到的所有数据建模问题的解决方案，但对于一组特定用例来说，继承是正确的解决方案，本章后面将详细介绍。

不过，在开始之前，明白类继承是如何导致挫败感是很重要的。

8.1.2 继承的挑战

面向对象编程就是对信息和行为的分离、封装和分类。我和许多图书馆员一起工作过，他们对分类的遗忘程度超过我想象，这些人致力于识别事物之间的关系，创建分类法甚至本体论来对事物进行分类。[1]这对于组织原始信息很有效，但一旦涉及软件行为，就会带来麻烦。随着软件的发展，很难保持类之间的父子关系。

注意   在 Python(和许多其他编程语言中)中，父类被称为超类(superclass)。子类(child class)被称为子类(subclass)。本章其余部分将使用这个术语。

一个类继承其超类的所有信息和行为，然后它可以重写它们来

---

1 有关信息科学背景下本体论的更多信息，请参阅维基百科的文章：https://en.wikipedia.org/wiki/Ontology_(information_science)。

做一些不同的事情(见图8-1)。这可能是编程中存在的最紧密的耦合。一个类与其超类完全耦合,因为在默认情况下,它所做的和知道的一切都与该超类相关。

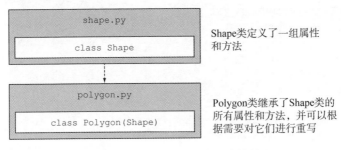

图 8-1　一个超类和一个子类的继承

当类层次结构增长时,看清这种耦合是非常困难的,因为如果你查看的是一个特定的类,另一个类是否继承它就不明显了。如图 8-2 所示,行为中的意外变化会导致错误。

以此类推,在量子物理学中,两个纠缠在一起的粒子,不管它们在空间中相距多远,一个粒子的变化会对另一个粒子产生同样的影响。爱因斯坦称之为"幽灵般的远距效应",意味着你不能可靠地确定一个粒子的状态,因为它的孪生粒子的状态随时可能发生变化。这对物理学来说是令人兴奋的,但在软件方面却是很大的危险。通过改变一个类,你可能会无意中改变另一个子类的功能,更糟的情况是你破坏了从不知道的另一个子类的功能,就像电影《蝴蝶效应》。

开发人员经常使用继承来重用代码,这为以后埋下了隐患。在深层层次结构中,不同级别的类可以重写或补充其超类的行为。过不了多久,你就会发现自己在类中来回遍历,试图跟踪到信息流。我之前说过,作为开发人员,我们所做的应该是增加理解力,减少认知负担;深层层次结构与此目标背道而驰。那么,我们为什么还要使用继承呢?

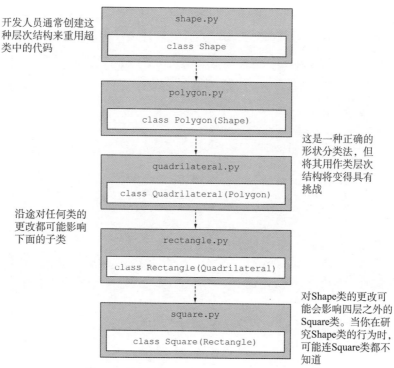

开发人员通常创建这
种层次结构来重用超
类中的代码

这是一种正确的
形状分类法,但
将其用作类层次
结构将变得具有
挑战

沿途对任何类的
更改都可能影响
下面的子类

对Shape类的更改可
能会影响四层之外的
Square类。当你在研
究Shape类的行为时,
可能连Square类都不
知道

图 8-2   深层继承层次结构会导致更多的问题

8.2   当前编程中的继承

由于复杂的层次结构带来的棘手问题,继承已经名声扫地。不过,继承并不是天生就这么邪恶。它只是因为错误的原因被频繁使用。

8.2.1   继承到底是为了什么

尽管许多人仍然寻求继承来重新使用某些类中的代码,但这并不是继承的用途。继承是用于行为特殊化的。换句话说,你不应该仅仅为了重用代码而创建子类。创建子类是为了使方法返回不同的值或在后台以不同的方式工作。

从这个意义上说，子类应该被视为超类的特殊情况。它们将重用超类中的代码，得到的自然结果便是子类的实例属于超类的实例。

当类 B 继承自类 A 时，我们经常说 B "是一个(is-a)" A。这是为了强调 B 的实例实际上是 A 的实例，因此应该看起来像 A(稍后再详细介绍)。与组合相比，如果类 C 的实例使用类 D 的实例，那么我们说 C "有一个(has-a)" D 是为了强调 C 是由 D 组成的(可能还有其他东西)。

回想上一章中的 Bicycle 例子，引入多种自行车车架，将AluminumFrame 升级为 CarbonFiberFrame，将 Tire 升级为 FancyTire。假设 CarbonFiberFrame 和 FancyTire 分别继承自 Frame 和 Tire。关于使用继承和组合对自行车建模的方式，以下哪一项是合理的？

1. Tire 有一个 Bicycle。

2. Bicycle 有一个 Tire。

3. CarbonFiberFrame 是一个 Frame。

4. CarbonFiberFrame 有一个 Frame。

因为轮胎不是由自行车组成的(反之则正确)，所以1 不正确，而2 是合理的，就是组合。因为碳纤维框架是一个框架(它没有框架)，所以 4 也不正确，而 3 是有意义的继承。同样的，继承是为了特殊化，而组合是为了可重用的行为(见图 8-3)。

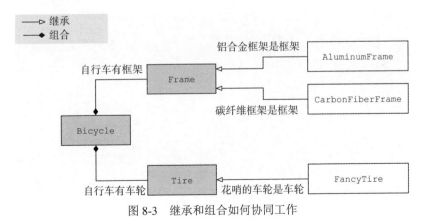

图 8-3　继承和组合如何协同工作

使用继承对行为进行特殊化只是第一步。想一想你是如何使用碳纤维车架来取代自行车上的铝合金车架的。你可以这样做，是因为每个框架都有相同的连接点。如果没有正确的连接，自行车可能会散架。软件也是如此。

8.2.2　可替代性

麻省理工学院研究所 Barbara Liskov 提出了一个原则，概述了与继承相关的可替代性(substitutability)概念。里氏替换原则(liskov substitution principle，LSP)指出，在一个程序中，类的任何实例都必须能被它的一个子类的实例替换，而不影响程序的正确性。[2]在这种情况下，正确性意味着程序能保持无错误并实现相同的基本输出结果，虽然精确的结果可能不同或以不同的方式实现。可替换性源自子类严格遵守其超类的接口。

Python 中要背离这个原则并不难。思考代码清单 8-1，这是一段非常有效的 Python 代码，可以模拟蛞蝓(Slug)和蜗牛(Snail)这两种类型的腹足动物。Snail 继承自 Slug(蜗牛和蛞蝓是一样的，除了壳之外)，你甚至可以说 Snail 通过添加关于壳的信息来区别于 Slug。但是 Snail 破坏了可替换性，因为使用 Slug 的程序无法在__init__方法中添加 shell_size 参数，就不能用 Snail 替换它，如代码清单 8-1所示。

代码清单 8-1　破坏可替代性的子类

```
class Slug:
    def __init__(self, name):
        self.name = name

    def crawl(self):
        print('slime trail!')
```

---

2 关于里氏替换原则的更多信息，请参见维基百科的文章：https://en.wikipedia.org/wiki/Liskov_substitution_principle。

```
class Snail(Slug):                              Snail 继承自 Slug
    def __init__(self, name, shell_size):
        super().__init__(name)                  使用不同的实例创
        self.name = name                        建签名是违反可替
        self.shell_size = shell_size            代性的常见方法


def race(gastropod_one, gastropod_two):
    gastropod_one.crawl()
    gastropod_two.crawl()
                                                你可以创建两个
                                                Slug 实例并比较
                                                它们
race(Slug('Geoffrey'), Slug('Ramona'))
race(Snail('Geoffrey'), Snail('Ramona'))

                                                尝试使用 Snail 而不使用
                                                shell_size 参数会引发异常
```

　　你可以随便使用更多技巧来实现这一点，但要考虑一下这可能
是一个更好的组合案例。毕竟，蜗牛有壳。

　　我喜欢通过研究一组特定的类所扮演的角色来考虑可替代性。
如果层次结构中的每个类都能履行所讨论的角色，那么它们很可能
是可替代的。如果子类更改了它的任何方法签名或作为其特殊化的
一部分引发了异常，则可能无法履行该角色，这可能暗示类层次结
构应该以不同的方式排列。

8.2.3　继承的理想用例

　　Ruby 程序员 Sandi Metz，起初来自 Smalltalk 社区(Smalltalk 是
一种编程语言，部分由面向对象编程的先驱之一 Alan Kay 编写)，
制定了一套关于何时使用继承的基本规则：[3]

- 你要解决的问题层次肤浅狭隘。
- 子类位于对象图的叶节点上，它们不使用其他对象。

3　详情参见 Sandi Metz, *All the Little Things*, *RailsConf 2014*, www.youtube.com/
watch?v= 8bZh5LMaSmE。

● 子类使用(或特殊化)其超类的所有行为。

下面将详细介绍每一个细节。

1. 肤浅狭隘的层次结构

这条规则的肤浅部分涉及前面所学的深度继承层次结构的问题：深层嵌套的类层次结构可能导致管理困难和引入错误。保持层次结构的小型化和包含性使得在必要时更容易进行推理(见图 8-4)。

这个规则的狭隘部分意味着层次结构中的任何类都不应该有太多的子类。随着子类数量的增长，很难知道哪些子类提供了哪些特殊化，如果其他开发人员找不到他们要找的子类，可能会复制子类。

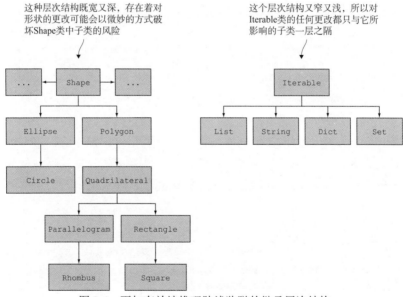

图 8-4   更加有效地推理肤浅狭隘的继承层次结构

2. 对象图叶节点上的子类

你可以将软件中的所有对象视为图形中的节点，每个对象都指向它继承的或通过组合使用的其他对象。当使用继承时，类可以指向其他对象，但子类通常不应有任何进一步的依赖关系。子类用于特殊化行为，但如果子类具有超类或任何其他子类没有的独特的依赖项，则组合可能是完成该部分任务的更好方法。这是一个很好的检查方法，能确保子类是特殊化的行为，而无须添加太多新的耦合。

3. 子类使用其超类的所有行为

这是你之前学过的"是一个(is-a)"关系的结果。如果子类没有使用其超类的所有行为，它真的是超类吗？下面思考一个表示鸟的类：

```
class Bird:
    def fly(self):
        print('flying!')
```

将其子类化，以便 fly 对某些种类的鸟执行不同的操作：

```
class Hummingbird(Bird):
    def fly(self):
        print('zzzzzooommm!')
```

碰到企鹅、猕猴桃或鸵鸟时会发生什么？这些鸟一只也不会飞。一种可能的解决方案是这样重写 fly：

```
class Penguin(Bird):
    def fly(self):
        print('no can do.')
```

还可以重写 fly 不做任何事情(pass)或引发某种异常。不过，这违背了可替代性原则。任何知道它正在处理企鹅的代码都不太可能调用 fly，因此不会使用这种行为。同样，将飞行行为组合到需要的类中可能是一个更好的选择。

4. 练习

现在你已经知道了一些要素，请尝试将继承和组合规则应用到 Bicycle 示例中。自行车模块可以在本章的源代码中找到(参见

https://github.com/daneah/practices-of-the-python-pro)。

Bicycle 示例遵循 Metz 描述的继承规则的程度如何？看看你是否能分辨出 bicycle 模块中的对象是否遵循每一条规则。

下面回顾一下你之前的做法：

- Frame 和 Tire 都有一个又浅又窄的层次结构；每一个都有一个层次，最多有两个子类。
- 不同类型的轮胎和框架不依赖于任何其他对象。
- 不同类型的轮胎和车架使用或特殊化其超类的所有行为。

成功！创建的模型已在需要的地方适当地使用继承，并使用组合将不同的部分组合成一个整体。请继续阅读，了解 Python 为检查和使用继承提供了哪些工具。

8.3　Python 中的继承

Python 提供了一组用于检查类及其继承结构的工具，以及许多处理继承和组合的方法。本节将对此详细介绍，以便你在使用继承时，掌握调试和测试代码的诀窍。

8.3.1　类型检查

在调试代码时，你最想知道的一件事往往是在特定行中处理的对象的类型是什么。Python 的动态类型意味着这并不总是立即显而易见的，所以检查是一件好事。

> **类型检查**
>
> Python 的最新版本支持类型暗示(type hint)，该方法告诉开发人员和自动化工具一个函数或方法需要什么类型的对象。工具可用于检查是否有调用可能违反其类型，而无须执行代码。请注意，Python 在执行期间不强制类型检查，这个特性严格来说是一个开发辅助工具。

检查对象类型的基本方法是使用内置的 type() 函数。type (some_object)将告诉你该对象属于哪一类：

```
>>> type(42)
<class 'int'>
>>> type({'dessert': 'cookie', 'flavor': 'chocolate chip'})
<class 'dict'>
```

尽管这很有用，但你也经常想知道一个对象是某个特定类的实例还是其子类的实例。Python 提供了 isinstance()函数：

```
>>> isinstance(42, int)
True
>>> isinstance(FancyTire(), Tire)    ◄──── 引用的任何类都需要
True                                        导入到命名空间中
```

如果你只需要知道一个类是否是另一个类的子类，Python 提供了 issubclass 函数：

```
>>> issubclass(int, int)
True
>>> issubclass(FancyTire, Tire)
True
>>> issubclass(dict, float)
False
```

注意　issubclass 的命名有些混乱。因为它认为一个类是它自身的子类，所以即使你提供的两个类实际上是同一个类，它也将返回 True。

这些工具有时在实际代码中会派上用场，但它们的存在通常是一个危险信号，因为基于数据类型更改行为正是行为子类的用途所在。这些内置函数很适合从外部检查对象，但是 Python 还提供了一些有用的功能来处理类内部的继承。

8.3.2　超类访问

假设你正在创建一个子类，需要将它的行为特殊化，但要依赖其超类的原始行为。如何在 Python 中实现这一点？可以使用内置的

super()函数，它允许任何方法或属性访问超类，如代码清单 8-2 所示。

代码清单 8-2　使用 super()访问超类行为

```
class Teller:
    def deposit(self, amount, account):
        account.deposit(amount)

class CorruptTeller(Teller):  ◀──── 一个腐败的出纳员是一个出纳员
    def __init__(self):
        self.coffers = 0
                                    腐败的出纳员重写
                                    默认的存款行为
    def deposit(self, amount, account): ◀
        self.coffers += amount * 0.01  ◀
        super().deposit(amount * 0.99, account) ◀

                        他使用其他出纳员相同的方式存
                        剩下的钱，但金额不同

                        腐败的出纳员为自己敛一点财
```

如果可替代性被破坏，使用 super()的代码会变得特别混乱。重写方法以获取不同数量的参数，并且仅使用 super()传递其中的一些参数，可能会导致混淆和较差的可维护性。对于 Python 中的多重继承，可替代性变得尤为重要。

8.3.3　多重继承和方法解析顺序

到目前为止，我主要讨论单个继承，其中子类只有一个超类。但是 Python 还支持多重继承的思想，子类可能有两个或多个直接超类，如图 8-5 所示。

多重继承可以在插件架构中使用，或者在一个类中实现多个接口时使用。例如，水上交通工具既有船也有车的接口。

如代码清单 8-3 所示，通过在类定义中提供多个类来让子类继承多个类。你可以尝试一下，把这段代码放在一个 "cats" 模块中。你能猜出在运行此代码之前 print(liger.eats())做了什么吗？

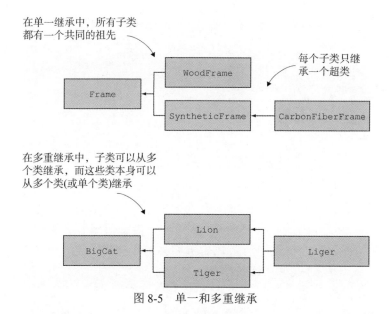

图 8-5 单一和多重继承

代码清单 8-3 Python 中的多重继承

```python
class BigCat:
    def eats(self):
        return ['rodents']

class Lion(BigCat):
    def eats(self):
        return ['wildebeest']

class Tiger(BigCat):
    def eats(self):
        return ['water buffalo']

class Liger(Lion, Tiger):
    def eats(self):
        return super().eats() + ['rabbit', 'cow', 'pig', 'chicken']

if __name__ == '__main__':
    lion = Lion()
```

```
print('The lion eats', lion.eats())
tiger = Tiger()
print('The tiger eats', tiger.eats())
liger = Liger()
print('The liger eats', liger.eats()
```

Liger 吃了你期望的猎物吗？

```
The liger eats ['wildebeest', 'rabbit', 'cow', 'pig', 'chicken']
```

因为 Liger 既继承了 Lion，也继承了 Tiger，你可能会预料到它至少会吃掉统一的猎物。super()在多重继承下的工作方式有点不同。调用 super().eats()时，Python 开始搜索它应该使用的 eats()定义。Python 通过一个称为方法解析顺序(method resolution order)的过程来实现这一点，该过程确定 Python 将按顺序搜索的类的列表。

以下是方法解析顺序的步骤：

(1) 从左到右生成超类的深度优先顺序。对于 Liger，这是 Lion(最左边的父级)、BigCat(Lion 的唯一父级)、object(BigCat 的隐式父级)、Tiger(Liger 的下一个父级)、BigCat 和 object(见图 8-6)。

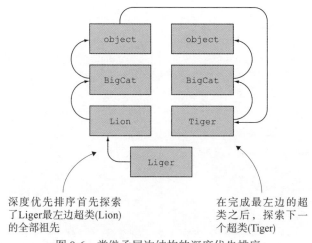

深度优先排序首先探索了 Liger 最左边超类(Lion)的全部祖先

在完成最左边的超类之后，探索下一个超类(Tiger)

图 8-6　类继承层次结构的深度优先排序

(2) 删除所有重复项。列表将变为 Liger、Lion、BigCat、object

和 Tiger。

(3) 移动每个类，使其出现在它的子类之后。最后的目标是
Liger、Lion、Tiger、BigCat、object。

Liger 类看起来怎么样？整个过程如图 8-7 所示。

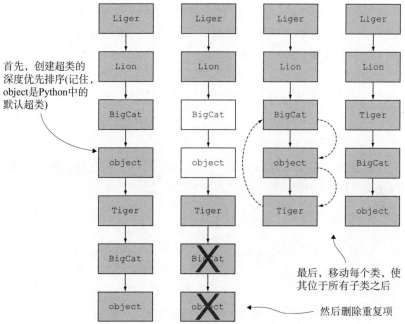

图 8-7　Python 如何确定类的方法解析顺序

当你请求 super().eats()时，Python 将按照方法解析顺序进行处
理，直到在其中一个类(除了你从中调用 super()的那个类外)上找到
eats()方法。如你所见，它首先找到 Lion，然后返回['wildebeest']。
然后，Liger 添加自己的猎物列表，结果就是你在输出中看的列表。

检查方法解析顺序

使用 __mro__ 属性可以检查任何类的方法解析顺序:

```
>>> Liger.__mro__
(<class '__main__.Liger'>, <class '__main__.Lion'>,
```

```
➡ <class '__main__.Tiger'>, <class '__main__.BigCat'>, <class 'object'>)
```

通过实践合作型多重继承，可以使多重继承如你所期望的那样工作。在合作型多重继承中，每个类都承诺拥有相同的方法签名(可替代性)，并从自己的 somethod() 内部调用 super().some_ method()。在每个方法中都存在 super()，这意味着 Python 即使找到一个方法也会继续执行方法解析顺序。这可以确保没有类通过意外的接口阻止执行或中断事情。两个类能很好地一起运作。

尝试更新 Lion 和 Tiger 类来调用 super().eats()，方法与 Liger.eats() 一样。重新运行代码并返回此处以检查它是否与以下输出匹配。

```
The liger eats ['rodents', 'water buffalo', 'wildebeest', 'rabbit', 'cow',
➡ 'pig', 'chicken']
```

当你知道如何利用多重继承时，就会发现它很重要。随着软件的发展，你需要使用不同范例的可能性也会增加，所以请做好准备。

8.3.4　抽象基类

到目前为止，我还没有如实介绍 Python 中有关不可用接口的内容。尽管你首先需要了解何时以及如何有效地使用继承和组合，但现在是深入研究的好时机。

Python 中的抽象基类(abstract base class，ABC)是一种使用类似继承的方式来实现有效接口的方法。抽象基类与其他编程语言中的正式接口一样，列出了其子类必须实现的方法和属性。这又回到了前面 8.2.2 节中提到的履行角色的想法。你不能直接创建抽象基类的实例，它充当其他类行为的模板。

Python 提供 abc 模块来简化抽象基类的创建。abc 模块提供了两个有用的结构：

- 可以从 ABC 类继承，从而暗示你的类是一个抽象基类。
- 可以使用@abstractmethod 修饰器将抽象基类中定义的方法标记为抽象(修饰器不在本书的讨论范围内，但是可以将 abstractmethod 看作方法的标签)。这就强制要求必须在抽象类的所有子类中定义这些方法的规则。

假设你正在建模食物链，并且希望确保所有的捕食者类都用一个接口，该接口包含用于吃猎物的 eat 方法。你可以创建一个抽象基类 Predator，它定义了这个方法及其签名。然后，可以将 Predator 划分为子类，任何不定义 eat 的子类都会引发异常，如代码清单 8-4 所示。

代码清单 8-4 使用抽象基类来强制接口

从 ABC 继承使这个类成为一个抽象基类

这表示必须在任何子类上定义该方法

```
from abc import ABC, abstractmethod


class Predator(ABC):
    @abstractmethod
    def eat(self, prey):
        pass
```

IDE 可以在任何子类中检查此方法签名

抽象方法没有默认实现

声明通过子类化抽象基类来实现接口的意图

```
class Bear(Predator):
    def eat(self, prey):
        print(f'Mauling {prey}!')
```

必须定义此方法，否则将引发异常

```
class Owl(Predator):
    def eat(self, prey):
        print(f'Swooping in on {prey}!')


class Chameleon(Predator):
    def eat(self, prey):
        print(f'Shooting tongue at {prey}!')


if __name__ == '__main__':
    bear = Bear()
```

```
bear.eat('deer')
owl = Owl()
owl.eat('mouse')
chameleon = Chameleon()
chameleon.eat('fly')
```

提示　如果你使用的是 IDE，它会在方法签名出现错误时发出警告。Python 在运行时不会对此进行检查，但是对于常见的错误，比如参数太多或太少，它仍然可能会引发错误。

尝试在不使用 eat 方法的情况下创建一个新的 Predator，然后在模块的末尾创建一个实例。你应该会看到一个 TypeError，它指出无法创建实例，因为它没有为抽象方法 eat()定义实现。

现在尝试向 Bear 类添加一个使其咆哮(roar)的方法。你预计会发生什么？

1. 创建实例时会引发 TypeError，因为 Predator 没有将 roar 定义为抽象方法。

2. 调用 roar()时会引发 RuntimeError，因为 Predator 没有将 roar 定义为抽象方法。

3. 本方法的工作方式与任何普通类方法类似。

其实在抽象基类的子类上定义额外的方法就可以了(选项 3)。抽象基类强制其子类最少也要实现它定义的方法，但是附加的行为则很好，因为子类仍然实现其所需的接口。也可以将额外的行为放入基类本身，并在子类中对其进行接收(类似普通继承)。不过，要避免这种做法，因为将真正的行为放在一个声称是抽象的类中可能会使阅读代码的人感到困惑。

抽象基类是 Python 中鸭子类型的一个很好的补充。如果你需要对类必须遵循的接口提供额外的保护和保证，那么它们可以为你提供。不过，我发现自己并不经常使用它们。对我来说，通过控制反转来组合通常就足够了。你可以尝试同时使用这两种方法，看看哪个对你和代码更有意义。

掌握了继承的不同方面后，下面介绍 Bark，看看它为继承和组合提供了哪些机会。

8.4　Bark 中的继承和组合

到目前为止，Bark 还没有利用继承。看看没有继承你能走多远？但正如你所了解到的，如果使用正确，继承可以帮助你解决问题。本节将介绍如何使用继承使 Bark 更稳健。

8.4.1　重构以使用抽象基类

接口是一种声明一个类实现一组特定方法和属性的方法，你刚刚也了解到抽象基类可用于扩展 Python 中的接口。以下哪一项要用在 Bark 的接口上？

1. commands 模块中的命令
2. 数据库模块中的数据库语句执行
3. Bark 模块中的选项

Bark 模块中的选项都有类似的行为，但是每个选项没有不同的类，只有不同的 Option 实例。这看起来不像一个接口(非选项 3)。数据库语句的执行包含在单个类中(也非选项 2)。commands 利用接口(应为选项 1)。每个 command 类实现一个 execute()方法，该方法在命令被触发时被调用。

为了确保所有未来的命令都记住实现 execute()方法，希望你重构 commands 模块以使用抽象基类。

你可以调用这个基类 Command，它将 execute()方法定义为默认情况下引发 NotImplementedError 的抽象方法。然后，每个现有的命令类都应该从 Command 继承。

请注意，现有的命令类都已经实现了 execute()，因此前面已经介绍了它们。但是 execute()方法有一些不同的签名，你了解到这些签名不利于可替代性或处理抽象基类。有些调用带有数据参数，而另一些则不带参数。思考一下如何规范化这些方法, 使它们具有相同的签名。下面哪一个选项会起作用?

1. 从接受该参数的 execute()方法中删除 data 参数。

2. 将 data 作为可选关键字参数添加到尚未接受它的 execute() 方法中。

3. 使所有 execute()方法接受数量可变的位置参数(*args)。

删除 data 参数(选项 1)将阻止你对命令内的数据执行操作, 这将从 Bark 中删除相当数量的功能。尽管选项 3 是可行的, 但最好是明确表示你所接受的参数, 直到你需要灵活处理大量不同数量的参数为止。现在, execute()总是需要一个或零个参数, 所以我选择将 data 作为参数添加到每个 execute()方法中(选项 2)。

尝试创建 Command 抽象基类并从中继承。下面, 请尝试临时重命名 execute()方法或更改它们的签名, 以查看 IDE(或 Bark)对损坏的接口的反应。对照代码清单 8-5 看看你是如何处理的。

代码清单 8-5   命令模式的抽象基类

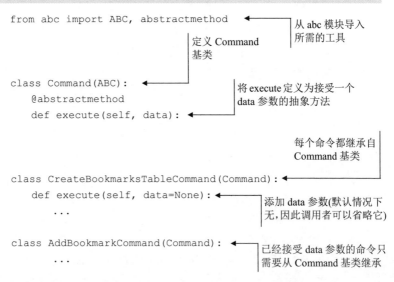

因为 execute()具有统一的签名,所以还可以对 bark 模块中的代码行进行简化,此模块中的一个选项会触发 choose()方法中的命令:

```
class Option:
    ...

    def choose(self):
    ...

    message = self.command.execute(data)  ←──── 始终传递数据
                                                 到 execute
```

Bark 应该继续像以前一样工作。在这里添加抽象基类只是为了在将来创建命令时更安全一些。如果你决定命令将来需要实现其他方法或接受其他参数,可以从将它们添加到 Command 开始,IDE 可以帮助你找到需要更新的位置。这是一种方便的开发方法。

8.4.2　对继承工作进行最后的检查

你已经成功地使用了继承,使得组合的使用更加稳健。如果代码通过了 Metz 测试,为确保继承的良好使用,请再检查一次:

- 命令的层次结构肤浅狭隘。7 个命令类的宽度,每个一层结构的深度。
- 命令不知道其他对象。它们确实使用了数据库连接对象,但这是一个依附于数据库接口的全局状态。
- 命令使用或特殊化其超类中的所有功能。Command 类是一个抽象类,本身没有行为。

好棒。你在有意义和增加价值的地方使用继承,而不是将它强加到不需要的地方。在继续编写和重构代码时,这种批判性检查非常有价值。

继续下一章,学习如何通过保持类的小型化来保持类的可维护性。

8.5　本章小结

- 使用继承来表示真实的 is-a 关系(有利于行为的特殊化)。
- 使用组合来表示 has-a 关系(有利于代码的重用)。
- 方法解析顺序是保持多重继承正确性的关键。
- 抽象基类在 Python 中提供了类似于接口的控件和安全性。

第 *9* 章

保持轻量级

本章内容：
- 通过复杂度衡量来确定要重构的代码
- 根据 Python 特征分解代码
- 使用 Python 特征以支持向后兼容

在软件开发过程中，你需要对分离关注点保持警惕。为了避免创建错误的抽象，通常要等到一个合理的结构出现。这意味着类通常会一点一点地增长，直到它们变得不规则为止。

这很像盆景艺术：你需要给树一些生长的时间，只有在树"告诉"你它的生长方向后，才能鼓励它沿着那个趋势生长。经常修剪树木会给树木造成压力，迫使它变成不自然的形状可能会阻碍它茁壮生长。

本章将介绍如何修剪代码，从而保持代码的健壮性和丰富性。

9.1 类/函数/模块应该有多大

许多关于软件维护的在线论坛都提到了这种问题。有时我也在思考，大家一直在问这些问题，是否是因为我们认为最终可以超越到某种新的理解层面，答案一直是显而易见的。下面的每个讨论线索都包含了各种观点、轶事和偶发的数据点。

想要找到这个问题的最终答案并不是一件坏事。有指导方针和方法很重要，这样你就可以知道什么时候应该在代码上投入时间。但是，了解处理这个问题的度量标准的优缺点也很重要。

9.1.1 物理度量

有些人试图为函数、方法和类设定一个行限制。这个度量标准看起来很好，因为它很容易测量："我的函数有 17 行长。"我对这种方法持异议，它可能迫使开发人员将原本非常容易理解的函数进行分解，从而增加认知负担。

如果你设置一个五行函数的底线，那六行函数突然就不可能了。这将鼓励开发人员玩起"代码高尔夫"，尝试将相同数量的逻辑放入更少的行中。Python 也支持这种游戏：

```
def valuable_customers(customers):
    return [customer for customer in customers if customer.
➥ active and sum(account.value for account in customer.accounts)
➥ > 1_000_000]
```

你能立即理解该代码吗？这并不可怕，但是混成一行会增加价值吗？

看看重写后的版本，其中每个子句都有自己的行：

```
def valuable_customers(customers):
    return [
        customer
        for customer in customers
        if customer.active
```

```
    and sum(account.value for account in customer.accounts) > 1_000_000
    ]
```

按逻辑分解代码可以让阅读代码的人更容易消化每一个子句，从而形成一种代码运行的思维模式。

我见过另一种形式的行限制规则是"一个类应该满足一个屏幕"。这与更严格的版本有一些共同的痛点，并且由于屏幕大小和分辨率的不同，这些版本是不好度量的。

这些度量标准的目标是"保持简单"，我同意这一点。但是还有其他方法来定义"简单"。

9.1.2　单一职责

对于一个类、方法或函数的大小，一个更开放的度量是看它做了多少件不同的事。正如你从关注点分离中学到的，理想的数字是1。对于函数和方法，这意味着执行单个计算或任务。对于类，这意味着要处理某个更大业务问题的单一而集中的某个方面。

如果你发现一个函数正在执行两个任务，或者一个类包含两个不同的焦点区域，这是一个很强的信号，表明有机会将它们分开。但有时单一任务仍然很复杂，需要进一步分解。

9.1.3　代码的复杂度

一种更可靠的了解代码易读性和可维护性的方法是了解其复杂度。与时间和空间复杂度一样，代码复杂度是衡量代码特征的一个量化指标，而不仅仅是对阅读代码时产生多少困惑的主观衡量。

复杂度衡量工具是不可缺少的一个工具。作为一个普通人，这些工具经常能够准确地指出让我阅读和理解有困难的代码。下面将介绍代码复杂度，以及相关的衡量工具。

1. 衡量代码的复杂度

衡量复杂度的常用方法是圈复杂度(cyclomatic complexity)。这个名字听起来很复杂，其实是要确定函数或方法的执行路径条数。

因此，函数的结构(即复杂度)受其条件表达式的数量和循环数量的影响。

函数或方法的复杂度得分越高，就意味着它包含的条件和循环越多。具体得分并不总是非常有用。了解分数随时间的变化趋势，及其如何随着代码的更改而变化，有助于编写更易于维护的软件。借此可努力降低复杂度得分，并在决定将重构时间投入到哪里时考虑高复杂度的代码片段。

你可以亲自衡量函数的复杂度。通过创建控制流图，或代码执行时采用的路径，可以计算图中节点和边的数量，并计算圈复杂度。以下内容在程序的控制流图中表示为节点：

- 函数的"开始"(控制流入的位置)
- if/elif/else 条件(每一个都是一个节点)
- for 循环
- while 循环
- 循环的"结束"(将执行路径绘制回循环的开始处)
- return 语句

思考代码清单 9-1 中的函数，它接受一个句子作为字符串或单词列表，并确定句子中是否有任何长单词，该函数包含一个循环和多个条件表达式。

代码清单 9-1　带条件表达式和循环的函数

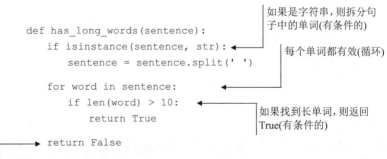

```
def has_long_words(sentence):            如果是字符串，则拆分句
    if isinstance(sentence, str):        子中的单词(有条件的)
        sentence = sentence.split(' ')   每个单词都有效(循环)

    for word in sentence:
        if len(word) > 10:
            return True                  如果找到长单词，则返回
                                         True(有条件的)
    return False
如果没有长单词，则返回 False
```

　　带箭头的边代表代码可以执行的不同路径。对于一个函数或方法，圈复杂度 M 等于边数减去节点数，再加上 2。如果为了更好地绘制函数图，可以为不在条件块或循环内的代码行添加节点和边，但它们不会影响整体复杂度——每个节点和边都添加了一个节点和一个边，这在数学上是相抵消的。

　　has_long_words 函数有一个条件来检查输入是否是字符串，句子中每个单词都有一个循环，循环内有一个条件来检查单词是否长，如图 9-1 所示。通过绘制控制流图并将图简化为简单的节点和边，可以对它们进行计数并将结果代入圈复杂度方程中。在这种情况下，has_long_words 函数的图有 8 个节点和 10 个边，因此其复杂度为 $M = E - N + 2 = 10 - 8 + 2 = 4$。

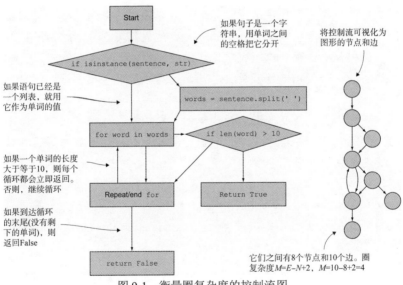

图 9-1　衡量圈复杂度的控制流图

　　大多数参考资料都建议函数或方法的复杂度控制在 10 或更低。这大致相当于开发人员可以一次阅读的量。

　　除了帮助了解代码的健壮性，圈复杂度在测试中也很有用。回想一下圈复杂度用于度量函数或方法已有的执行路径条数。因此，这也是覆盖每个执行路径所需的最小不同测试用例数。因为每个 if、while 等都要求你准备一组不同的先决条件，从而测试在一种情况下或另一种情况下会发生什么。

请记住，完美的测试覆盖率并不能保证代码能够实际运作。它只意味着该测试能引发此部分代码运行。但是，确保覆盖感兴趣的执行路径通常是个好主意。未经测试的执行分支通常是人们所谈论的"边缘情况"，这个词带有负面含义，通常意味着"我们没有想到的事情"。Ned Batchelder(https://coverage.readthedocs.io)的一款出色的 Coverage 软件包可以为测试统计分支覆盖率。

Halstead 复杂度分析

对于某些应用程序来说，降低发布有缺陷软件的风险和可维护性一样重要。虽然减少代码中的分支会使代码更具可读性和可理解性，但它并不证明可以减少软件中的错误数量。圈复杂度可以预测缺陷的数量和代码行的数量。另外，还有一组度量标准试图解决缺陷率。

Halstead 复杂度试图定量地衡量抽象级别、可维护性和缺陷率的概念。测量 Halstead 复杂度包括检查程序对编程语言内置运算符的使用情况以及它包含多少变量和表达式。这超出了这本书的范围，建议你多读一读相关内容。维基百科的文章是一个很好的起点：https://en.wikipedia.org/wiki/Halstead_complexity_measures。如果你想深入了解，可以查阅 Radon (https://radon.readthedocs.io)，里面详细介绍了测量 Python 程序的 Halstead 复杂度。

回想一下你在 Bark 中为导入 GitHub stars 而编写的代码(复制在代码清单 9-2 中)。尝试绘制控制流图并计算圈复杂度。

代码清单 9-2　在 Bark 中导入 GitHub stars 的代码

```
def execute(self, data):
    bookmarks_imported = 0
```

```
    github_username = data['github_username']
    next_page_of_results =
➡ f'https://api.github.com/users/{github_username}/starred'

    while next_page_of_results:          ◄━━━┓ 后续代码将返回至
        stars_response = requests.get(        此的一个循环点
        next_page_of_results,
        headers={'Accept': 'application/vnd.github.v3.star+json'},
    )
    next_page_of_results = stars_response.links.get('next', {}).get('url')

    for repo_info in stars_response.json():  ◄━━━┓ 后续代码将返
        repo = repo_info['repo']                  回至此的另一
                                                  个循环点
        if data['preserve_timestamps']:
执行的一个          timestamp = datetime.strptime(
分支                     repo_info['starred_at'],
                        '%Y-%m-%dT%H:%M:%SZ'
                    )
                else:                        ◄━━┓ 执行的另一
                    timestamp = None             个分支
返回到 for 循
环点，如果完    bookmarks_imported += 1
成，则返回      AddBookmarkCommand().execute(
while 循环点        self._extract_bookmark_info(repo),
                    timestamp=timestamp,
                )

    return f'Imported {bookmarks_imported} bookmarks from starred repos!'
```

完成后，回来对照图 9-2 中的解决方案检查自己的工作。

　　幸运的话，你不需要为编写的每个函数和方法绘制图表。有很多工具可以运用，比如 SonarQube(www.sonarqube.org)和 Radon(https://radon.readthedocs.io)。这些工具甚至可以集成到代码编辑器中，以便在开发时分解复杂的代码。

　　掌握了一些定位复杂代码位置的方法之后，下面可以进行一些分解复杂度的练习。

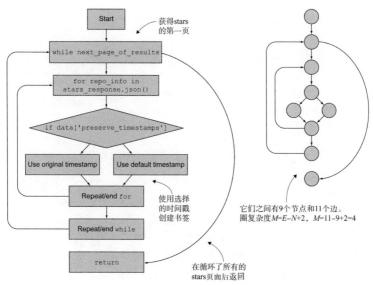

图 9-2   Bark 应用程序中函数的圈复杂度

9.2   分解复杂度

告诉你一个不好的消息：认识到代码的复杂度只是简单的部分，难的在后面。下一个挑战是理解如何处理特定种类的复杂度。本章其余部分将指出我在使用 Python 时看到的一些常见的复杂度模式，并介绍解决这些问题的方法。

9.2.1   提取配置

下面从书中的一个例子开始：随着软件的增长，代码的某些部分需要继续适应新的需求。

假设你正在构建一个网页服务，用户可以通过查询来查看午餐应该吃什么。如果一个用户使用你的服务的端点(/random)，他们应该得到一个随机的食物作为回应(如披萨)。初始 handler 函数接受用户的请求作为参数，代码可能如下所示：

```
import random          一份食物清单(最终
                       可能会进入数据库)
FOODS = [  ◄
    'pizza',
    'burgers',
    'salad',
    'soup',
]
                       函数接受用户的 HTTP
                       request(当前未使用)
def random_food(request):  ◄
    return random.choice(FOODS)  ◄
                                   以字符串形式从列
                                   表中返回随机食物
```

当你的服务开始流行时，一些用户想围绕它构建一个完整的应用程序。他们告诉你，希望从你那里得到 JSON 格式的响应，这会很容易处理。你不想更改其他用户的默认行为，所以告诉他们，如果他们在请求中发送 Accept:application/JSON 标头，将返回一个 JSON 响应(如果还不熟悉 HTTP 标头也没关系，可以把 request.headers 想成一个标头名称映射到标头值的字典)。可以通过更新函数来说明这一点：

```
import json
import random

...                        随机挑选食物并存储
def random_food(request):   起来以备随时使用
    food = random.choice(FOODS)  ◄

    if request.headers.get('Accept') == 'application/json':  ◄
        return json.dumps({'food': food})
    else:                  如果请求具有 Accept:application/json 标头，则
        return food  ◄     返回诸如{"food": "pizza"}之类的结果

        默认情况下继续返回诸
        如"pizza"之类的结果
```

如果从圈复杂度的角度来考虑这个变化，变化前后的复杂度是

多少？

1. 变化前 1，变化后 2
2. 变化前 2，变化后 2
3. 变化前 1，变化后 3
4. 变化前 2，变化后 1

初始函数没有条件或循环，因此复杂度为 1。因为你只添加了一个新条件(当用户请求 JSON 时)，复杂度从 1 变为 2(即选项 1)。

将复杂度增加 1 来处理新的需求并不可怕。但是，如果你继续沿着这个轨迹走很长一段时间，复杂度随着每一个需求线性增加，很快就会遇到棘手的代码：

...

```python
def random_food(request):
    food = random.choice(FOODS)

    if request.headers.get('Accept') == 'application/json':
        return json.dumps({'food': food})
    elif request.headers.get('Accept') == 'application/xml':
        return f'<response><food>{food}</food></response>'
    else:
        return food
```

每一个额外的需求都是一个新的条件，会增加复杂度

你还记得怎么解决这个问题吗？请注意条件语句正在将一个值(Accept 标头的值)映射到另一个值(返回的响应)。对此，什么样的数据结构有意义？

1. list
2. tuple
3. dict
4. set

Python 字典(即选项 3)将值映射到其他值，因此非常适合用来重构此代码。执行流被重构为标头值到响应格式的配置，然后根据用

户的请求选择正确的执行流，这将简化操作。

尝试将不同的 header 值和响应类型提取到字典中，如果用户不请求响应格式(或请求未知格式)，则使用默认行为。完成后，对照代码清单 9-3 检查自己的工作。

代码清单 9-3　具有提取配置的端点

```
...

def random_food(request):
    food = random.choice(FOODS)                    从先前的 if/elif
                                                   条件中提取
    formats = {
        'application/json': json.dumps({'food': food}),
        'application/xml': f'<response><food>{food}</food></response>',
    }

    return formats.get(request.headers.get('Accept'), food)
```

从先前的 if/elif 条件中提取

获取请求的响应格式(如果可用)，否则，返回纯字符串

无论你是否相信，这个新的解决方案被简化成圈复杂度为 1。即使你继续向 formats 字典添加条目，也不会增加额外的复杂度。这就是第 4 章谈到的益处，你已经从线性算法过渡到了常数算法。

根据经验，将配置提取到映射中也可以使代码更具可读性。即使它们都非常相似，筛选一系列的 if/elif 条件也很令人厌烦。相比之下，字典的关键值通常是可扫描的。如果你知道要找的关键值，很快就能找到。

我们能做得更好吗？

9.2.2　提取函数

随着不断增长的圈复杂度被解决，random_food 函数中的其他两类代码仍在同步增长：

- 知道该做什么的代码(将响应格式化为 JSON、XML 等)
- 知道如何判断要做什么的代码(基于 Accept 标头值)

这是一个分离关注点的机会。正如本书中多次提到的那样,在这里提取一些函数可能会有所帮助。如果你查看 formats 字典中的每一项,会注意到字典里面的值是 food 变量的函数。每个值都可以是一个函数,它接受一个 food 参数并向用户返回格式化的响应,如图 9-3 所示。

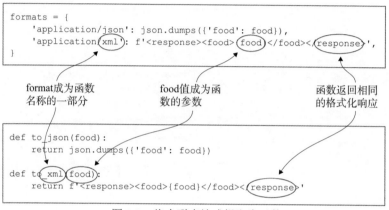

图 9-3　将内联表达式提取为函数

尝试改变 random_food 函数以使用这些独立的响应格式函数。字典现在将把格式映射到可以返回该格式响应的函数,random_food 将用 food 值调用该函数。

如果调用 formats.get(…)后没有可用的函数,应该转而执行一个返回 food 值(值不变)的函数。此过程可以使用 lambda 来完成。完成后,请查看代码清单 9-4。

代码清单 9-4　具有响应格式化函数的服务端点

```
def to_json(food):          ◀──── 提取的格式化函数
    return json.dumps({'food': food})
```

```
def to_xml(food):
    return f'<response><food>{food}</food></response>'


def random_food(request):
    food = random.choice(FOODS)

    formats = {                          ← 现在将数据格式映射
        'application/json': to_json,       到各自的格式化函数
        'application/xml': to_xml,
    }
                                         ← 获取适当的格式化
    format_function = formats.get(         函数(如果可用)
        request.headers.get('Accept'),
        lambda val: val                  ← 使用 lambda 作为回调以返
    )                                      回未更改的 food 值
    return format_function(food)         ←
                                           调用格式化函数并
                                           返回其响应
```

为了完全分离这些关注点，现在可以提取 formats 和获取正确函
数并进入相应函数的 get_format_function。此函数接受用户的 Accept
标头值并返回正确的格式化函数。现在试试看，对照代码清单 9-5
检查自己的工作。

代码清单 9-5　将关注点分为两个函数

```
def get_format_function(accept=None):  ← 确定使用哪一
    formats = {                          种格式函数
        'application/json': to_json,
        'application/xml': to_xml,
    }

    return formats.get(accept, lambda val: val)


def random_food(request):  ←        random_food 现在只需三步
```

```
food = random.choice(FOODS)
format_function = get_format_function(request.headers.get
('Accept'))
return format_function(food)
```

以前混合的关注点现在
被抽象为函数调用

你可能认为此代码更复杂，与之前的函数相比，现在你有四个
函数。但这里已经实现了一些东西：这些函数的圈复杂度为 1，可
读性好，并且有一个很好的关注点分离。

你还拥有一些可扩展的东西，需要处理新的响应格式时，过程
如下所示：

(1) 添加新函数，从而根据需要格式化响应。

(2) 将所需的 Accept 标头值的映射添加到新的格式化函数中。

(3) 完成。

可以通过添加新代码和更新配置来创建新的业务值，这非常
理想。

介绍完一些函数的技巧后，下面介绍一些类的技巧。

9.3   分解类

类可以像函数一样不受控制地增长，而且增长速度可能更快。但
从某种程度来讲，分解类比分解函数更可怕。函数感觉像构建块，但
类感觉像是完整的产品。这是一种我个人难以逾越的心理障碍。

你应该有信心像分解函数一样频繁地分解类。类只是你可以使
用的另一个工具。当你发现一个类开始变得越来越复杂时，这通常
是由于各种关注点的混合。一旦确定了一个感觉是关注点自己对象
的问题，你就有足够的能力去分解它。

9.3.1   复杂度初始化

我经常看到一些类的初始化过程非常复杂。不管好坏，这些类
通常是复杂的，因为它们处理复杂的数据结构。你见过代码清单 9-6

所示的类吗？

代码清单 9-6　具有复杂域逻辑构造的类

```
class Book:
    def __init__(self, data):
        self.title = data['title']          ◀──── 从传入的数据中
        self.subtitle = data['subtitle']           提取一些字段

        if self.title and self.subtitle:
            self.display_title = f'{self.title}: {self.subtitle}'
        elif self.title:
            self.display_title = self.title
        else:
            self.display_title = 'Untitled'
```

业务领域
逻辑引起
的复杂性

当处理的领域逻辑很复杂时，代码更能反映这一点。在这些情况下，对开发人员来说，依赖有用的抽象来理解这一切比以往任何时候都重要。

我已经讨论论过分解代码的有用途径：提取函数和方法。此处可以采用的一种方法是将 display_title 的逻辑提取到从__init__方法中调用的 set_display_title 方法中，如代码清单 9-7 所示。尝试创建一个 book 模块，并将 Book 类添加到其中，然后提取 display_title 的 setter 方法。

代码清单 9-7　使用 setter 简化类的构造

```
class Book:
    def __init__(self, data):
        self.title = data['title']
        self.subtitle = data['subtitle']
        self.set_display_title()          ◀──── 调用提取的函数

    def set_display_title(self):          ◀──── 设置 display_title
        if self.title and self.subtitle:
            self.display_title = f'{self.title}: {self.subtitle}'
        elif self.title:
```

```
        self.display_title = self.title
    else:
        self.display_title = 'Untitled'
```

但清理 __init__ 方法后会产生如下一些问题：

- 在 Python 中通常不推荐使用 getter 和 setter，因为它们会扰乱类。
- 在 __init__ 中将所有必需的属性直接设置为某个初始值是一种很好的做法，但是 display_title 是用不同的方法设置的。

将 display_title 默认设置为"Untitle"来修复后者可能会产生误导。如果不仔细阅读，读者可能会得出这样的结论：display_itle 的值通常是(甚至总是)'Untitled'。

有一种方法可以让提取方法具备可读性优势，而不受这些缺点的影响。该方法涉及创建一个返回 display_title 值的函数。

但如果思考如何使用 Book，可能会出现以下情况：

```
...

book = Book(data)
return book.display_title
```

如何在不必更新第二行代码返回 book.display_title()的情况下，使 display_title 逻辑成为函数？Python 为这种情况提供了一个工具。@property 装饰器可以用来表示：类的方法可以作为属性访问。

现在创建一个 display_title 方法，用@property 装饰，该方法使用现有逻辑返回正确的 display title。完成后，将发生变化的代码与下面的代码清单 9-8 进行比较。

注意　只有当 self 是方法的唯一参数时，方法才能用作属性，因为当你访问属性时，不能向它传递任何参数。

代码清单 9-8　使用@property 简化类的构造

```
class Book:
    def __init__(self, data):
```

```
    self.title = data['title']
    self.subtitle = data['subtitle']

@property
def display_title(self):
    if self.title and self.subtitle:
        return f'{self.title}: {self.subtitle}'
    elif self.title:
        return self.title
    else:
        return 'Untitled'
```

property 是可以作为
属性引用的函数

使用@property，仍然可以将 book.display_title 作为属性引用，
但是所有复杂度都被抽象成它自己的函数。这降低了__init__方法的
复杂度，同时使其更具可读性。我经常在代码中使用@property。

注意 因为属性是方法，重复访问它们意味着每次都要调用这
些方法。这通常是可行的，但是可能会对计算成本高的属性产生性
能影响。

如果有足够的功能来抽象整个类的方法，应该怎么做？

9.3.2 提取类和转发调用

在第 9.2.2 节中，当你从 random_food 中提取 get_format_function
时，仍然是从其原始位置调用提取的函数。处理类时，如果要保持
向后兼容性(backward compatibility)，则要进行类似的操作。向后兼
容性是指在不破坏用户以前所依赖的实现的情况下改进软件的实
践。如果更改了函数的参数、类的名称等，同时使用者希望代码继
续运行，则需要更新代码。为了避免这些问题，可以从邮局的邮件
转发系统中得到启示。

当你搬到一个新地址时，可以告诉邮局按照新地址转发邮件(见
图 9-4)。用旧地址给你发邮件的人不需要马上知道你的新地址，因
为邮局会截获邮件并自动将其直接投递到你的新地址。每收到一封
寄往旧地址的邮件时，你可以将新地址告诉发件人，这样他们就可

以更新记录了。一旦你确信不会再收到发往旧地址的邮件，就可以停止邮局的转发。

当从另一个类中提取一个类时，尽管后端已经有所改变，但是你仍希望在一段时间内继续提供以前存在的功能，这样用户就不必担心需要立即升级他们的软件了。和邮件一样，你可以继续在一个类中接受呼叫，并将它们传递给另一个类。这就是所谓的转发(forwarding)。

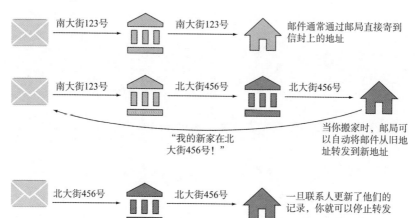

图 9-4   当你搬到一个新的地点时，邮局可以转发邮件

假设 Book 类已经扩展到可以跟踪作者信息。一开始感觉这很自然，因为没有一本书是没有作者的。但是，随着类的功能越来越多，作者信息开始成为一个单独的关注点。如代码清单 9-9 所示，很快就有了在网站上显示作者姓名的方法，以及在研究论文的引用中显示作者姓名的方法。

代码清单 9-9   关注作者细节的 Book 类

```
class Book:
    def __init__(self, data):
        # ...

        self.author_data = data['author']    ← 根据数据将作者存储为字典
```

```
    @property
    def author_for_display(self):          显示作者，例如
        return f'{self.author_data["first_name"]}     "Dane Hillard"
➡ {self.author_data["last_name"]}'

    @property                              获取适合引用的作者姓名，
    def author_for_citation(self):         例如"Hillard，D"
        return f'{self.author_data["last_name"]},
➡ {self.author_data["first_name"][0]}.'
```

假定你曾这样使用过 Book 类：

```
book = Book({
    'title': 'Brillo-iant',
    'subtitle': 'The pad that changed everything',
    'author': {
        'first_name': 'Rusty',
        'last_name': 'Potts',
    }
})


print(book.author_for_display)
print(book.author_for_citation)
```

参考 book.author_for_display 以及 book.author_for_citation 并进行引用是很方便的，你想持续这样做。但是一开始在这些属性中引用 author 字典感觉很笨拙，而且你知道很快会想就作者信息做更多的工作。你要怎么做？

1. 提取 AuthorFormatter 类，以不同的方式对作者姓名进行格式化。

2. 提取一个 Author 类来封装作者的行为和信息。

尽管格式化作者姓名的类(选项 1)可能提供值，但提取 Author 类(选项 2)提供了更好的关注点分离。当一个类中的几个方法共享一个共同的前缀或后缀时，特别是存在一个与类名不匹配的方法时，

可能会有一个新的类等待提取。在这里，author_是个表明创建 Author
类可能有意义的信号。是时候尝试提取类了。

创建一个 Author 类(在同一个模块中或从新模块导入)。这个
Author 类应该包含以前的所有信息，但是比以前的类更结构化。这
个类应该：

- 将 author_data 作为一个字典接收到 __init__ 中，将字典中的
  每个相关值(名字、姓氏等)存储为一个属性。
- 有两个属性 for_display 和 for_citation，它们返回格式正确的
  作者字符串。

请记住，你还希望 Book 继续为用户工作，因此现在需要保留
Book 上现有的 author_data、author_for_display 和 author_for_citation
属性。通过使用 author_data 对 Author 实例进行初始化，可以将来自
Book.author_for_display 的调用转发到 Author_for_display，以此类
推。通过这种方式，Book 将让 Author 完成大部分工作，只保留一
个临时系统，以确保调用继续工作。现在试一试，回到代码清单 9-10
看看你是如何做到的。

代码清单 9-10   从 Book 类提取 Author 类

以前只作为字典
存储的内容现在
是结构化的属性

```
class Author:
    def __init__(self, author_data):
        self.first_name = author_data['first_name']
        self.last_name = author_data['last_name']

    @property
    def for_display(self):
        return f'{self.first_name} {self.last_name}'

    @property
    def for_citation(self):
        return f'{self.last_name}, {self.first_name[0]}.'
```

Author 层次的属
性比原始属性简
··

```
class Book:
    def __init__(self, data):
        # ...

        self.author_data = data['author']
        self.author = Author(self.author_data)

    @property
    def author_for_display(self):
        return self.author.for_display

    @property
    def author_for_citation(self):
        return self.author.for_citation
```

继续存储 author_data,
直到用户不再需要它

存储 Author 的实例以转发调用

用转发到 Author 实例
替换前面的逻辑

　　你是否注意到，即使现在代码有更多行，但每一行都被简化了？
查看这些类，就更容易判断它们包含了什么类型的信息。最终，
Book 中的大部分代码也将被删除，此时 Book 类将利用 Author 类的
组合来提供有关作者的信息。

　　如果你想在分解类时对用户很友好，也可以给他们留下提示，
让他们知道应该切换到新的代码。例如，你希望 Book 类的用户从
book.author_for_display 转移到 book.author.for_display，从而方便你
删除转发。Python 有一个用于这种消息传递的内置系统，称为警告
(warning)。

　　其中一种具体的警告叫作 DeprecationWarning，你可以用它让人
们知道某些东西不应该再使用。此警告通常在程序的输出中输出一
条消息，告诉用户应该进行更改。可以按如下方式生成弃用警告：

```
import warnings

warnings.warn('Do not use this anymore!', DeprecationWarning)
```

通过向最终要删除的每个方法添加 DeprecationWarning，可帮助

用户顺利升级代码。[1]请立即尝试将它们添加到 Book 类中与作者相关的属性中。你可以给出一些提示信息，例如'Use book.author.for_display instead'。如果现在运行该代码，应该会在输出中看到如下警告消息：

```
/path/to/book.py:24: DeprecationWarning: Use book.author.
➥for_display instead
```

　　祝贺！你提取了一个新类，分解了一个超出自身增长能力的类的复杂度。你是以向后兼容的方式来完成，为用户留下提示，让他们知道接下来会发生什么以及如何修复它。这样就得到了更结构化、更可读的代码，并具有独立的关注点和强大的内聚性。干得漂亮！

9.4　本章小结

- 对于分解代码来说，相比于物理度量，代码复杂度和分离关注点是更好的度量标准。
- 圈复杂度衡量代码中执行路径的数量。
- 可自由地提取配置、函数、方法和类以分解其复杂度。
- 可使用转发和弃用警告来临时支持新旧处理方式。

1　参见 Brett Slatkin, *Refactoring Python: Why and how to restructure your code, PyCon 2016*, www.youtube.com/watch?v=D_6ybDcU5gc，其中详细介绍了有关弃用和提取的技巧。

第 *10* 章

实现松耦合

松耦合使你能够在代码的不同区域进行更改，不必担心会在其他地方破坏某些内容。它能使你在处理一个功能的同时，你的同事能处理另一个功能。它也是其他理想特性(如可扩展性)的基础。如果没有松耦合，维护代码的工作很快就会失控。

本章将介绍紧耦合的一些难题，并学习如何解决它们。

10.1 定义耦合

耦合在有效的软件开发中起着非常重要的作用，所以必须牢牢把握它的含义。耦合到底是什么？你可以把它看作代码不同区域之间的结缔组织。

10.1.1　结缔组织

耦合最初可能是一个棘手的概念，因为它不一定是有形的。它是一种贯穿整个代码的网格(见图 10-1)。当两段代码有很高的互依赖性时，这个网格是紧密编织和拉紧的。移动任何一段代码都需要移动另一段代码。少依赖或无依赖的区域之间的网格是灵活的，大概是用橡皮筋做的。你必须更彻底地改变网格中这个松散部分的代码，才能影响到周围的代码。

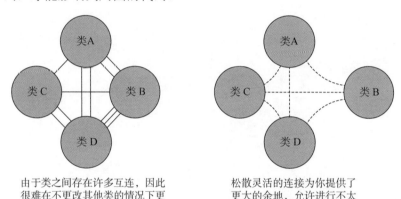

由于类之间存在许多互连，因此
很难在不更改其他类的情况下更
改其中一个

松散灵活的连接为你提供了
更大的余地，允许进行不太
可能影响周围代码的更改

图 10-1　耦合是对不同软件块之间的互连性的衡量

我喜欢这个类比，因为它并不是说紧耦合在所有情况下都是坏的。相反，它关注的是紧耦合和松耦合的区别，并帮助你了解代码的结果。紧耦合通常意味着在你想进行无序处理时要做更多的工作。这也意味着耦合是一个连续的过程，而不是一个二进制的，全有或全无的东西。

虽然耦合是通过一个连续体(continuum)来衡量的，但耦合的表现方式有共通之处。你可以学习如何识别这些耦合，并在合适的情况下减少软件中的耦合。不过，下面首先介绍一下更细粒度的紧耦合和松耦合的定义。

10.1.2 紧耦合

当两段代码(模块、类等)相互连接时，它们之间的耦合被认为是紧密的。但互连是什么样呢？在代码中，有几件事会创建互连：

- 将另一个对象存储为属性的类
- 一个类，其方法从另一个模块调用函数
- 一种函数或方法，它使用来自另一个对象的方法来完成大量的过程工作

任何时候，如果一个类、方法或函数需要携带关于另一个模块或类的大量知识，这就是紧耦合。思考代码清单 10-1 中展示的代码。display_book_info 函数需要知道 Book 实例包含的所有不同信息。

代码清单 10-1 与对象紧耦合的函数

```
class Book:
    def __init__(self, title, subtitle, author):
        self.title = title
        self.subtitle = subtitle
        self.author = author

def display_book_info(book):
    print(f'{book.title}: {book.subtitle} by {book.author}')
```

一本书把几条信息作为属性存储起来

此函数可了解书籍的所有属性

如果 Book 和 display_Book_info 函数位于同一个模块中，则此代码可能是可接受的。它对相关的信息进行操作，集中在一个地方。但是随着基本代码的增加，你可能最终会在一个模块中发现像 display_book_info 这样的函数，正对来自其他模块的类进行操作。

紧耦合并非总是不好的。有时，它只是想告诉你一些事情。因为 display_book_info 只对来自 Book 的信息进行操作，并且执行与书本相关的操作，因此函数和类具有很高的内聚性。它与 Book 的耦合非常紧密，因此将其作为一个方法移到 Book 类中是有意义的，如代码清单 10-2 所示。

代码清单 10-2　通过增加内聚性来减少耦合

```
class Book:
    def __init__(self, title, subtitle, author):
        self.title = title
        self.subtitle = subtitle
        self.author = author

    def display_info(self):
        print(f'{self.title}: {self.subtitle} by {self.author}')
```

原函数功能已经移到只需唯一参数 self 的函数中(仍然是 Book)

所有对书的引用都改为 self

　　一般来说，当紧耦合存在于两个独立的关注点之间时，它是有问题的。一些紧耦合是结构不好的高内聚性代码的标志。

　　你可能已经看到或编写了类似于代码清单 10-3 的代码。假设你有一个搜索索引，用户可以向它提交查询。搜索模块提供了清理这些查询的功能，以确保它们从索引中生成一致的结果。你可以编写一个主过程，从用户那里获取一个查询，对其进行清理，然后输出清理后的版本。

代码清单 10-3　与类的细节紧密结合的过程

```
import re


def remove_spaces(query):
    query = query.strip()
    query = re.sub(r'\s+', ' ', query)
    return query


def normalize(query):
    query = query.casefold()
    return query


if __name__ == '__main__':
    search_query = input('Enter your search query: ')
```

把' George Washington '变成'George Washington'

把'Universitätsstraße' ("University Street")变成'universitätsstrasse'

从用户获取查询

```
search_query = remove_spaces(search_query)
search_query = normalize(search_query)        输出清理后的查询
print(f'Running a search for "{search_query}"')
```

移除空格，并规范大小写

主程序是否与搜索模块紧密耦合？

1. 不，因为它可以很容易地完成这项工作。

2. 是，因为它调用搜索模块中的一些函数。

3. 是，因为如果改变了清理查询的工作方式，它可能会改变。

对模块进行任何指定更改后都需要更改它的代码，通过评估这种可能性，可以有效地识别耦合(选项 3)。虽然主过程可以完成清理函数所做的工作，但是讨论耦合是很重要的，因为它目前存在于代码中。选项 1 是假设性的，并不能帮助你实现这一点。从一个模块调用几个函数(选项 2)有时是耦合的标志，但更重要的衡量标准是对搜索模块的更改导致对主过程更改的可能性有多大。

假设用户报告说，由于对查询进行了微小的更改，他们仍然无法得到一致的结果。你做了一些调查，意识到这是因为有些用户喜欢在查询周围加上引号，认为这会使查询更具体，但是搜索索引按字面意思处理引号，只匹配那些写了引号的记录。所以你决定在运行查询之前去掉引号。

按照当前的编写方式，这将涉及向搜索模块添加一个新函数，并更新清理查询的所有位置，以确保它们调用新函数，如代码清单 10-4 所示。代码中的这些点都与搜索模块紧密耦合。

代码清单 10-4　紧耦合导致向外扩散

```
def remove_quotes(query):          删除引号的新函数
    query = re.sub(r'"', '', query)
    return query
if __name__ == '__main__':          在规范化查询的任
    ...                            何位置调用新函数
    search_query = remove_quotes(search_query)
    ...
```

请继续阅读，了解什么是松耦合，以及它在这种情况下如何帮助你。

10.1.3 松耦合

松耦合(loose coupling)是指在不依赖某一部分细节的情况下，两段代码相互作用完成一项任务的能力，通常使用共享抽象来实现。前面的章节介绍了接口，并使用 Bark 中的共享抽象来实现命令模式。

松耦合代码会实现并使用接口。在极端情况下，它只使用接口进行内部通信。Python 的动态类型允许我们稍微放松这一点，但此处有一个我非常想强调的理念。

如果你开始从对象相互发送的消息(message)角度来考虑代码片段之间的相互通信(见图 10-2)，而不是关注对象本身，你将发现更清晰的抽象和更强的内聚性。什么是消息？消息是你对一个对象提出的问题或你告诉它要做的事情。

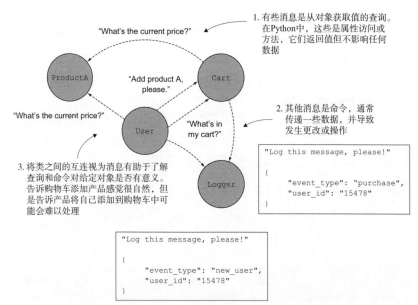

图 10-2 将类之间的互连想象为它们发送和接收的消息

在代码清单 10-5 中再看看查询清理器的主过程。通过调用函数获取新查询，可以实现查询的每个转换。每个转换都是你正在发送的消息。

代码清单 10-5　从模块调用函数

告诉搜索模块删除空格

告诉搜索模块删除引号

```
if __name__ == '__main__':
    search_query = input('Enter your search query: ')
    search_query = remove_spaces(search_query)
    search_query = remove_quotes(search_query)
    search_query = normalize(search_query)
    print(f'Running a search for "{search_query}"')
```

告诉搜索模块
规范大小写

编写的代码完成了清理查询的任务，但是你对消息的感觉如何？从搜索模块中调用各种函数会不会让人觉得有很多困难？如果我看到这段代码，可能会对自己说，"我只想要清理过的查询，不在乎怎么做！"遍历调用每个函数的步骤是乏味的，尤其是在清理代码中的查询时。

从你想发送的消息来考虑这个问题。一个更简洁的方法可能是发送一条消息："这是我的查询，请清理它。"可以采取什么方法来实现这一点？

1. 将查询清理函数组合为一个函数，以删除空格和引号并规范大小写。

2. 将现有函数调用包装在另一个可以在任何地方调用的函数中。

3. 使用类来封装查询清理逻辑。

上面任何一个方法都可以实现清理查询的功能。分离关注点通常是个好主意，选项 1 可能不是最佳选择，因为它将多个关注点组合成一个函数。将现有的函数包装到另一个(选项 2)中可以使关注点保持分离，同时为清理行为提供一个入口点，这很好。如果你需要清理逻辑来维护步骤之间的消息，那么将该逻辑进一步封装到一个类(选项

3)中可能会有价值。

你应尝试重构搜索模块，使每个转换函数私有化，提供一个 clean_query(query)函数，该函数执行所有清理并返回已清理的查询。然后回到这里，对照代码清单 10-6 检查自己所做的工作。

代码清单 10-6　简化一个共享接口

```python
import re


                                    转换是私有的，因为它
                                    们是清理的底层细节
def _remove_spaces(query):
    query = query.strip()
    query = re.sub(r'\s+', ' ', query)
    return query


def _normalize(query):
    query = query.casefold()
    return query


def _remove_quotes(query):
    query = re.sub(r'"', '', query)
    return query
                                    单个入口点接收原始查询，
                                    对其进行清理并返回
def clean_query(query):
    query = _remove_spaces(query)
    query = _remove_quotes(query)
    query = _normalize(query)
    return query


if __name__ == '__main__':
    search_query = input('Enter your search query: ')
    search_query = clean_query(search_query)
    print(f'Running a search for "{search_query}"')

                                    代码现在只需要调用一
                                    个函数，减少耦合
```

　　现在，当你想用另一种技术来清理查询时，可以执行以下操作 (见图 10-3)：

　　(1) 创建一个函数，对查询执行新的转换。

　　(2) 在 clean_query 中调用这个新函数。

　　(3) 一段时间内不停地调用，直至用户都能正确地清理查询。

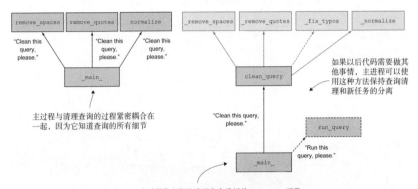

图 10-3　使用封装和分离关注点来保持松耦合

　　你可以看到松耦合、关注点分离和封装相互协作的过程。行为的分离和封装以及经过精心设计的与外界的接口，有助于实现所需的松耦合。

10.2　识别耦合

　　现在你已经看到了有关紧耦合和松耦合的例子，但实践中的耦合可能表现为其他形式。给这些形式命名，识别每种形式的特点，这样有助于你在早期缓解紧耦合，从而长期保持更高的生产力。

10.2.1　依恋情结

　　在早期版本的查询清理代码中，使用者需要从搜索模块调用几个函数。当代码主要使用来自另一个领域的特性执行多个任务时，该代码被称为具有依恋情结(feature envy)。主过程更像是搜索模块，因为它显式地使用了所有特性。这在类中也很常见，如图 10-4 所示。

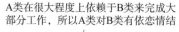
A类在很大程度上依赖于B类来完成大部分工作，所以A类对B类有依恋情结

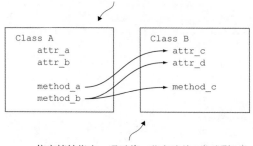

依恋情结指出，通过将 些方法从A类移到B类，或者如果这两个类是内聚的，则将它们合并在一起，可以减少耦合

图 10-4　从一个类到另一个类的依恋情结

　　解决依恋情结问题的方法与修复查询清理逻辑的方法一样：将其回滚到源代码处的单个入口点。在前面的示例中，你在搜索模块中创建了一个 clean_query 函数。搜索模块是执行查询清理逻辑的地方，因此使用 clean_query 函数非常合适。在不知道下面发生了什么，并相信将收到一个正确清理过的查询的情况下，其他代码可以继续使用 clean_query。这样，代码不再有依恋情结，它很乐意让搜索模块负责与搜索相关的事情。

　　当你使用重构消除依恋情结时，你会觉得你放弃了一定程度上的控制。在重构之前，你可以确切地看到消息是如何在代码中流动的，但是在重构之后，这些消息流通常隐藏在抽象层之下。这需要对你所交互的代码进行一定程度的信任，才能执行它所说的内容。可能偶尔会感到不舒服，但是一个完整的测试套件可以帮助你对功能保持信心。

10.2.2　散弹式修改

第 7 章中介绍了散弹式修改，通常是由于紧耦合而发生的。你只要对类或模块进行一次更改，就要进行更广泛的更改才能保持其他代码正常工作。每次需要更新行为时，在代码中不断地进行更改很令人厌烦！

通过解决依恋情节、分离关注点、实践良好的封装和抽象，你将最大限度地减少必须进行的散弹式修改。任何时候，当你发现自己跳转到不同的函数、方法或模块中去实现想要做的改变时，问问自己这些代码区域之间是否存在紧耦合。然后看看有什么机会可以将一个方法移到一个更适合的类，一个函数移到一个更适合的模块，等等——所有的对象都放在更适合位置上。

10.2.3　抽象泄漏

正如你所了解的，抽象的目标是向使用者隐藏特定任务的细节。用户会触发行为并收到结果，但并不关心幕后发生了什么。如果你开始注意到依恋情节，那可能是因为抽象泄漏(leaky abstraction)。

抽象泄漏是不能充分隐藏其细节的抽象。抽象是指提供一种简单的方法来完成某件事，但要求你在使用它时了解其背后隐藏的东西。这有时表现为依恋情节，但也可能是微妙的，下面将展开介绍。

设想一个 Python 包，用于发出 HTTP 请求(可能是请求)。如果你的目标纯粹是向某个 URL 发出 GET 请求并获得响应，那么最好是对 GET 行为进行抽象，例如 requests.get('https://www.google.com')。

这种抽象在大多数情况下都能很好地运作，但如果你失去互联网连接了呢？谷歌不可用呢？事情出现了 bug，而 GET 请求没有成功呢？在这些情况下，request 通常会引发一个表明问题的异常(参见图 10-5)。这对于错误处理很有用，但它要求调用代码要了解一些可能的错误，以便知道哪些错误可能发生以及如何处理它们。一旦你开始处理来自很多地方的请求错误，就和它耦合在一起了，因为代码需要一组专门针对请求包的可能结果。

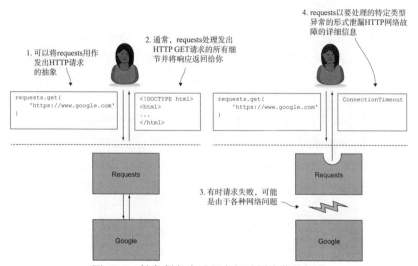

图 10-5   抽象偶尔会泄漏它们试图隐藏的细节

　　泄漏之所以发生，是因为抽象需要权衡利弊。一般来说，代码中概念越抽象，提供的细节就越少。这是因为抽象本质上意味着删除对细节的访问。访问的细节越少，更改细节的方法就越少。作为开发人员，我们经常想调整一些东西以更好地满足需要，所以有时会提供较低级别的访问权限来访问试图隐藏的细节。

　　当你发现自己从高层抽象层提供对低级细节的访问时，很可能会引入耦合。请记住，松耦合依赖于接口(共享的抽象)，而不是特定的低级细节。请继续阅读，了解一些可以用在代码中实现松耦合的特定策略。

10.3　Bark 中的耦合

　　你可以分离关注点并封装所有喜欢的行为，但这些关注点不可避免地需要彼此交互。耦合是软件开发的一个必要部分，但不一定是紧耦合。现在你已经对紧耦合有了一些了解，是时候研究如何在保持代码正常工作的同时减少这种耦合了。其中有些内容你已熟悉，下面将介绍如何将这些内容进一步应用于 Bark 应用程序。

请记住你在 Bark 中使用的多层架构，如图 10-6 所示。每一层都有一系列不同的关注点：

- 表示层向用户显示信息并从用户那儿获取信息。
- 业务逻辑层包含应用程序的"智能"，即与手头任务相关的逻辑。
- 持久层为应用程序存储数据，供以后重用。

你已使用命令模式将表示层与业务逻辑层挂钩。菜单中的每个选项通过该命令的 execute 方法触发业务逻辑中的相应命令。命令集及其共享的 execute 抽象是松耦合的很好示例。

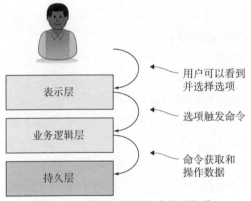

图 10-6 将关注点划分为多层架构

表示层对它所连接的命令知之甚少，而命令并不关心它们为什么被触发，只要它们接收到所期望的数据。这允许每一层独立地改变以适应新的需求。

现在考虑业务逻辑层如何与持久层交互。你已创建的 AddBookmarkCommand，如代码清单 10-7 所示。此命令执行以下操作：

1. 接收书签的数据以及可选的时间戳。
2. 如果需要，生成时间戳。

3. 告诉持久层存储书签。

4. 返回一条消息，说明添加成功。

代码清单 10-7　用于添加新书签的命令

```
如果需要，生成时间戳
    class AddBookmarkCommand(Command):
        def execute(self, data, timestamp=None):  ◀—— 接收书签数据
            data['date_added'] = timestamp or datetime.utcnow().isoformat()
            db.add('bookmarks', data)
            return 'Bookmark added!'   ◀—— 返回成功消息

保存书签数据
```

　　如果这里出现一些紧耦合的情况，你会怎么办？整个类有五行，你可能会问"五行能有多少耦合？"事实证明，cxecute 方法的最后两行显示了紧耦合的迹象。

　　后两行中的第一行称为 db.add 的违规行，演示了不仅与持久层发生紧耦合，而且还与数据库本身发生紧耦合。换一种方式，如果你将来决定将书签存储在数据库以外的其他地方，例如 JSON 文件，db.add 就不再适合了。另外，还有一些依恋情结，大多数命令直接使用 DatabaseManager 中的一个操作。

　　第二行表示耦合的是 return 语句。它当前的目的是什么？它返回一条消息，说明添加成功。这消息是给谁的？答案是用户。你正在处理业务逻辑层中一段表示层级别的信息，这是抽象泄漏的示例。表示层应该负责向用户显示哪些内容。你编写的其他一些命令也具有相同的结构，当然你很快就可以修复。

　　另一个命令 CreateBookmarksTableCommand 引入了更紧密的耦合。名称中的 Table 暗示存在一个数据库、一个持久层特性，然后在应用程序启动时在表示层引用该命令。这个命令跨越了你精心构建的所有抽象层！别担心，你很快就能把它清理干净。

　　请继续阅读，了解这种耦合如何在实际情况下导致问题，以及如何解决这些问题。

10.4　寻址耦合

　　想象一下，现在你的任务是使用 Bark 手机(也想象一下运行 Python 的手机)。你希望尽可能多地重用 Bark 的代码，从而优化用户在手机上的体验，同时保持现有的命令行界面，如图 10-7 所示。

　　处理新的需求通常会暴露出紧密耦合的代码区域。新的用例要求你交换行为，并且不可避免地在没有灵活性的情况下暴露代码中的要点。你会在 Bark 里找到什么？

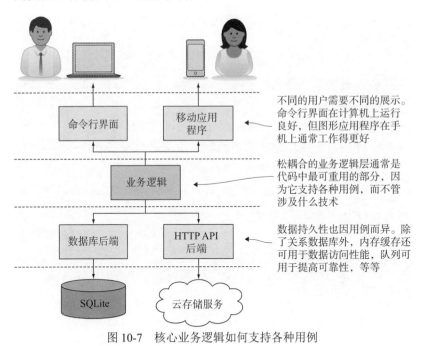

图 10-7　核心业务逻辑如何支持各种用例

10.4.1　用户消息传递

　　因为移动应用程序倾向于关注视觉和触觉元素，所以除了你的消息，还需要使用图标来表示成功。前面介绍了 Bark 中的消息传递与业务逻辑层相耦合。要修复此限制，需要将消息传递的控制完全释放到表示层。在不让每个命令都明确知道它所显示的消息的情况下，如何保持命令和表示层之间的交互？

请注意，有些命令的结果是成功消息，而对于其他命令，则是某种结果(如书签列表)。可以在表示层中处理这个问题，方法是将"成功"和"结果"的概念分开，每个命令都返回一个表示状态和结果的元组。

你构建的命令应该都能成功执行，所以目前每个命令的状态都是 True。最终，如果命令失败，可以让命令返回 False。当前返回结果的命令可以继续使用与以前相同的结果，没有结果的命令可以不使用任何结果。

更新每个命令以返回 status、result 元组。你还需要更新表示层中的 Option 类来解释新的返回行为。到目前为止，下面哪种方法适合构建表示层？

1. 使 Option 根据执行的命令打印不同的成功消息。
2. 使用命令成功时要使用的特定消息来配置每个 Option 实例。
3. 创建要显示的每种消息的 Option 子类。

选项 1 是有效的，但是每个新命令都会添加到条件逻辑中，以确定要显示哪个消息。选项 3 也可能有用，但请记住，应该谨慎使用继承；目前还不清楚是否存在足够的专门行为来证明创建这些子类的合理性。选项 2 提供了正确的定制量，而不需要太多额外的工作。请记住，Bark 应该在重构消息时继续保持相同的功能，这只是为了让开发更容易。

你可以自己尝试，然后返回代码清单 10-8 和代码清单 10-9 中以获取帮助，或者查看本章的完整源代码(请参见 https://github.com/daneah/practices-of-the-python-pro)。

代码清单 10-8　将抽象层与接口解耦

AddBookmarkCommand
成功，但不返回结果

```
class AddBookmarkCommand(Command):
    def execute(self, data, timestamp=None):
        data['date_added'] = timestamp or datetime.utcnow().isoformat()
        db.add('bookmarks', data)
        return True, None
```

返回值为 True 状态和 None 结果

```
class ListBookmarksCommand(Command):
    def __init__(self, order_by='date_added'):
        self.order_by = order_by
```

ListBookmarksCommand
成功并返回书签列表

```
    def execute(self, data=None):
        return True, db.select('bookmarks', order_by=self.order_by).
fetchall()
```

返回值为 True 状态和
书签列表

代码清单 10-9　在表示层中使用状态和结果

```
def format_bookmark(bookmark):
    return '\t'.join(
        str(field) if field else ''
        for field in bookmark
    )
```

返回结果的命令的默
认消息是结果本身

```
class Option:
    def __init__(self, name, command, prep_call=None,
success_message='{result}'):
        self.name = name
        self.command = command
        self.prep_call = prep_call
        self.success_message = success_message
```

存储此选项
的已配置成
功消息，供以
后使用

```
    def choose(self):
        data = self.prep_call() if self.prep_call else None
```

```
        success, result = self.command.execute(data)

        formatted_result = ''                    接收执行命令的
                                                 状态和结果
        if isinstance(result, list):
            for bookmark in result:
                formatted_result += '\n' + format_bookmark(bookmark)
        else:
            formatted_result = result

        if success:
            print(self.success_message.format(result=formatted_result))

    def __str__(self):
        return self.name                         输出成功消息，如果需要，
                                                 插入格式化后的结果

def loop():
    ...

    options = OrderedDict({
        'A': Option(
            'Add a bookmark',
            commands.AddBookmarkCommand(),
            prep_call=get_new_bookmark_data,
            success_message='Bookmark added!',
        ),
        'B': Option(
            'List bookmarks by date',
            commands.ListBookmarksCommand(),
        ),
        'T': Option(
            'List bookmarks by title',
            commands.ListBookmarksCommand(order_by='title'),
        ),
        'E': Option(
            'Edit a bookmark',
            commands.EditBookmarkCommand(),
            prep_call=get_new_bookmark_info,
```

如果需要，
格式化命令
的显示结果

没有结果的选项可以指
定静态成功消息

只输出结果的选项
不需要指定消息

```
            success_message='Bookmark updated!'
        ),
        'D': Option(
            'Delete a bookmark',
            commands.DeleteBookmarkCommand(),
            prep_call=get_bookmark_id_for_deletion,
            success_message='Bookmark deleted!',
        ),
        'G': Option(
            'Import GitHub stars',
            commands.ImportGitHubStarsCommand(),
            prep_call=get_github_import_options,
            success_message='Imported {result} bookmarks from
    starred repos!',
        ),
        'Q': Option(
            'Quit',
            commands.QuitCommand()
        ),
    })
```

有结果和定制消息的选项可以放在一起

祝贺！你已经分离了业务逻辑层和表示层。它们现在使用状态和结果的概念进行交互，而不是使用特定的硬编码消息。将来，当你为 Bark 构建了新的移动前端时，它可以使用状态和结果来确定在手机上显示的图标和信息。

10.4.2　书签持久性

移动用户总是在移动，所以你希望他们可以从任何地方访问书签。数据库必须位于 API 背后的云存储器中，这样就可以在任何设备上看到书签。

如你所见，命令代码的某些区域是特定于本地数据库操作的。你需要将数据库模块换成与新 API 交互的新持久层。到目前为止，你了解了共享抽象是减少耦合的好方法。虽然这听起来像是一项艰巨的任务，但不妨思考一下本地数据库和 API 的相似和不同之处，这有助于你将抽象概念化，从而对这两者进行处理(见图 10-8)。

尽管数据库和 API 持久层在一些细节上存在差异，但是它们都需要处理一组相似的问题。这就是抽象的魅力所在。正如你将每个命令简化为一个 execute 接口，该接口返回一个状态和结果，以便将它们与表示层分离，你可以将持久层简化为一组更通用的 CRUD 操作，以将其与命令分离。然后，你想要构建的任何新的持久层都可以使用相同的抽象。

数据库	API
表示为记录对象的数据	表示为记录对象的数据
使用 SQL 的 CRUD 操作(INSERT、SELECT、UPDATE、DELETE)	使用 HTTP 的 CRUD 操作(POST、GET、PUT、DELETE)
数据库文件和表所需的配置	API 的域和 URL 所需的配置

图 10-8　数据库和 API 的几个共同点

10.4.3　试一试

现在，你已经掌握了将命令从 DatabaseManager 中分离所需的工具和知识。

使用抽象基类 PersistenceLayer 定义接口，创建一个 BookmarkDatabase 持久层，它将位于命令和 DatabaseManager 类之间，如图 10-9 所示。

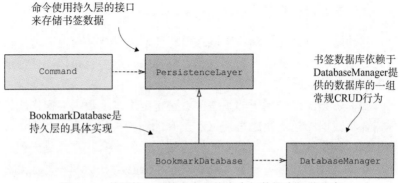

图 10-9　使用接口和特定实现将命令与数据库细节分离

在新的持久层模块中创建这些类。你将重构命令来使用
DatabaseManager 而不是直接使用它。接口应该提供适用于大多数持
久层的方法，而不是数据库或 API 特有的方法：

- _init_用于初始配置
- create(data)创建新书签
- list(order_by)列出所有书签
- edit(bookmark_id, data)更新书签
- delete(bookmark_id)删除书签

CreateBookmarksTableCommand 中的逻辑实际上是书签数据
库持久层的初始配置，因此可以将其移到 BookmarksDatabase 中。
DatabaseManager 的 实 例 化 也 很 适 合 于 此 。 然 后 可 以 在
BookmarkDatabase 中为 PersistenceLayer 抽象的每个方法编写实现。每
个以数据库为中心的方法调用(例如 db.add)可以将原始命令移到适当
的方法中，从而释放命令，从 BookmarkDatabase 调用方法。请试一试，
参考代码清单 10-10 和本章的完整源代码，检查自己的代码。

代码清单 10-10　一个持久化接口和实现

```
from abc import ABC, abstractmethod          定义持久层接口的
                                             抽象基类
from database import DatabaseManager


class PersistenceLayer(ABC):                 每个方法对应于一
    @abstractmethod                          个用于持久层的类
    def create(self, data):                  CRUD 操作
        raise NotImplementedError('Persistence layers must
➥ implement a create method')


    @abstractmethod
    def list(self, order_by=None):
        raise NotImplementedError('Persistence layers must
➥ implement a list method')
```

```
    @abstractmethod
    def edit(self, bookmark_id, bookmark_data):
        raise NotImplementedError('Persistence layers must
➥ implement an edit method')

    @abstractmethod
    def delete(self, bookmark_id):
        raise NotImplementedError('Persistence layers must
➥ implement a delete method')


class BookmarkDatabase(PersistenceLayer):    ◄─── 使用数据库的特定持久层实现
    def __init__(self):
        self.table_name = 'bookmarks'◄───┐  使用 DatabaseManager
        self.db = DatabaseManager('bookmarks.db')  处理数据库创建

        self.db.create_table(self.table_name, {
            'id': 'integer primary key autoincrement',
            'title': 'text not null',
            'url': 'text not null',
            'notes': 'text',
            'date_added': 'text not null',   接口的每个行为特
        })                                   定于数据库的实现

def create(self, bookmark_data):    ◄───┘
    self.db.add(self.table_name, bookmark_data)

def list(self, order_by=None):
    return self.db.select(self.table_name, order_by=order_by).
➥ fetchall()

def edit(self, bookmark_id, bookmark_data):
    self.db.update(self.table_name, {'id': bookmark_id},
➥ bookmark_data)

def delete(self, bookmark_id):
    self.db.delete(self.table_name, {'id': bookmark_id})
```

现在你已经有了持久层的接口和该接口的特定实现(该接口知道
如何使用 DatabaseManager 来持久化书签),可以根据 PersistenceLayer
接口而不是 DatabaseManager 来更新命令了。在命令模块中,将
DatabaseManager 的 db 实例替换为 persistence,这是 BookmarkDatabase
的一个实例。然后遍历模块的其余部分,将对 DatabaseManager 方法
(如 db.select) 的调用替换为来自 PersistenceLayer 的调用(如
persistence.list)。请参考代码清单 10-11,检查自己的代码。

代码清单 10-11　更新业务逻辑以使用抽象

```
from persistence import BookmarkDatabase
```
导入 BookmarkDatabase
代替 DatabaseManager

```
persistence = BookmarkDatabase()
```
设置持久层(以后可以用
于交换)

```
class AddBookmarkCommand(Command):
    def execute(self, data, timestamp=None):
        data['date_added'] = timestamp or datetime.utcnow().isoformat()
        persistence.create(data)
        return True, None
```
persistence.create 代替 db.add

```
class ListBookmarksCommand(Command):
    def __init__(self, order_by='date_added'):
        self.order_by = order_by
```
persistence.list 代替 db.select

```
    def execute(self, data=None):
        return True, persistence.list(order_by=self.order_by)
```

persistence.delete
代替 db.delete

```
class DeleteBookmarkCommand(Command):
    def execute(self, data):
        persistence.delete(data)
        return True, None
```

persistence.edit 代
替 db.update

```
class EditBookmarkCommand(Command):
    def execute(self, data):
        persistence.edit(data['id'], data['update'])
```

```
return True, None
```

Bark 现在可以扩展到新的用例，比如从 GitHub 导入 stars。它的关注点被很好地分离，这样就可以独立地对表示层、业务逻辑层和持久层进行推理。现在可以交换这些层来实现不同的新用例。

将 BookmarkDatabase 替换为 BookmarksStorageService，该服务通过 HTTP API 将书签数据发送到云。还可以在 DummyBookmarksDatabase 中交换测试，该测试只在测试期间将书签保存在内存中。松耦合的应用机会有很多，强烈建议你深入探索！

应用于 Bark 的原则很容易被许多现实世界的项目所采用。通过将这里学到的知识应用到自己的项目中，你将能够提高项目的可维护性，并有助于其他人学习和理解你的代码。这在继续构建软件的过程中产生的价值，难以用言语表达。

本书最后一部分将回顾你所学知识的广度，并为下一步的探索提出建议。下一章见！

10.5 本章小结

- 可通过分离关注点、封装数据和行为，然后创建共享的抽象来解开耦合。
- 知道并使用另一个类的许多细节的类可能需要包含在该类中。
- 通过具有更强内聚性的重新封装，可以解决紧耦合的问题。此外，还可以通过引入双方共享的新抽象来解决这一问题(例如，菜单和命令可能依赖于返回状态和结果的命令，而不是特定的消息传递)。

第IV部分

下一步学习什么

教授知识固然很好，但我在有限的篇幅里只能涵盖这么多内容。这一部分提供了一个策略，帮助你确定下一步学什么内容。你还将获知一些更简单的概念，这些概念可能会帮助你进一步编写一流的软件。这些学习建议是按主题组织的，因此你可以从较高的层次了解每个主题，也可以跳入其中深入探索。

第*11*章

全力以赴

本章内容：
- 为软件开发生涯选择下一步要探索的途径
- 制订继续学习的行动计划

恭喜你，已经读到本书的最后一章了。在本书中，你已经学习了如何深思熟虑地进行软件设计，当然还有一个广阔的世界需要你去发现，很难弄清楚接下来会发生什么。如果你不确定要探索哪些方面，请阅读本章，来获取一些策略和主题思想。

11.1　现在怎么办

随着经验的积累，你将继续学到很多东西。你也会遇到一些想学但还没有时间和经验去学习的事情，也会有一些你根本没有意识到的、永远存在的、近乎无限的事物。这些概念要么是你还没有想到的，要么是你还没有合适的语言来表达的。

唐纳德·拉姆斯菲尔德(Donald Rumsfeld)曾简洁地(幽默地)说过：

已知是已知，即有些事是我们知道的。我们还知道有已知的未知，即我们知道有些事我们还不知道。但还有未知的未知，即那些我们还不知道的未知。

——唐纳德·拉姆斯菲尔德

一名高效的工程师很少会对某一学科有透彻的了解。更常见的情况是，你可以通过知道要查找的关键字和可用的资源来有效地工作。简言之，足智多谋比经验更有价值。

随着成长，你可能会积累一系列感兴趣的博客文章、工具和主题。在构建软件的过程中，还可以根据需要学习新的东西。最终，当你决定是时候深入研究这些新的话题时，它可以帮助你制订一个成功的学习计划。

11.1.1 制订计划

你有没有在查维基百科的时候沉迷其中无法自拔？当你开始阅读一个主题时，发现已经是凌晨 2：37 了，浏览器上打开了 37 个标签。你单击感兴趣的链接，有时会深入到某个特定路径，层层点击。虽然你可能会觉得浪费了一晚上的时间，但事实证明这是一个发现信息的有效策略。

哲学游戏

你也可以在维基百科上逆流而上。从几乎任何一篇文章开始，点击每一篇后续文章的第一个完整段落中的第一个(或者偶尔是第二个)链接，很可能会引导你进入"哲学"页面。这是因为第一个环节通常是最广泛或最普遍的环节之一。试试看：

- 米色>法语>浪漫语言>粗俗拉丁语>非标准>语言多样性>社会语言学>社会>群体>社会科学>学科>知识>事实>现实>想象>对象>哲学(Beige > French > Romance language > Vulgar Latin > non-standard > language variety > sociolinguistics > society > group > social sciences > academic disciplines > knowledge >

facts > reality > imaginary > object > philosophy)
- Python(程序设计语言)>解释性语言>程序设计语言>形式语言>数学>数量>多数>数字>数学对象>抽象对象>哲学(Python (programming language) > interpreted > programming language > formal language > mathematics > quantity > multitude > number > mathematical object > abstract object > philosophy)

　　思维导图将信息组织在一个层次结构中，你可以直观地进行探索。思维导图从一个中心节点——你感兴趣的整个概念开始，然后扩展开来，每个节点代表子主题或相关概念，比如当你忍不住从关于"米色(Beige)"的页面中点击"宇宙拿铁(Cosmic latte)"的链接时，通过使用思维导图来列举想学习的东西，可以很好地建立一个你要覆盖的不同领域的画面。

　　如果你想了解自然语言处理，可以绘制一个图 11-1 所示的思维导图。一些高层次的活动最终会分支到特定的、相关的主题，如词形还原(lemmatization)和马尔可夫链(Markov chain)。有些事情你可能听说过，但不太了解，你还是应该把它们写下来。即使你不知道一个主题属于哪一个分支，当你对它周围的主题有了更多的了解时，最终也会找到一条通向它的路。

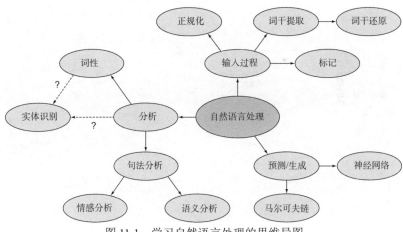

图 11-1　学习自然语言处理的思维导图

这种视觉图有助于强调主题之间的关系，可以帮助你保留所学的信息。它也可以作为传统意义上的地图。概念将成为地图上的区域，你可以查看哪些区域绘制得很好或尚未探索。当你努力学习更多的东西时，思维导图会很有用。

如果你对某个主题没有足够的经验来绘制完整的地图，不要担心。写下一个简短的清单仍然是有效的。关键是要有一些你可以参考的东西来提醒你已经做了什么和剩下什么。

一旦制订了下一步的计划，就可以开始学习了。

11.1.2　执行计划

当学习主题被规划(或列出)时，你就可以开始探索可用的资源。这些资源包括书籍、在线课程，和对这个主题有经验的朋友或同事。并找准属于你的学习方式，有些人通过阅读来学习，而另一些人则需要编写一些实际的代码并查看一些实际的输出来学习。要有创意。

思维导图的好处在于让你发散思维进行探索，而非线性。如果你仍在熟悉术语和概念阶段，可以先从中心向外一层探索，如图 11-2 所示。这有助于你了解情况，为你选择下一步的学习内容奠定一些基础。

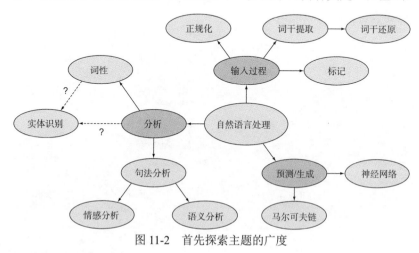

图 11-2　首先探索主题的广度

在确定方向之后，可以选择一个更深入的研究方向，如图 11-3 所示。新信息的涌入会让你兴奋不已。

提示 一个常见的陷阱是在没有足够的背景知识的情况下太深入研究一个主题，所以你一定要保持平衡。太快地把注意力集中在一个地方会使你对事物的理解变得不连贯或不完整，从而阻碍以后的学习。

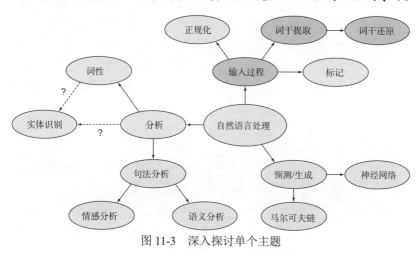

图 11-3 深入探讨单个主题

成功的学习需要一个渐进的方式，当你对某个主题获得更多的经验后，自然会发现更多可以添加到思维导图(或列表)中的内容。在学习过程中增添内容是完全可行的，但是在扩展新主题之前，一定要先熟悉已经学过的主题。否则，很容易造成贪多嚼不烂的现象。

应该通过跟踪进度来有序前进。

11.1.3 跟踪进度

学习是主观的，所以不要期望你能说你已经"完成"了大多数事情。在学习某个特定主题时，有以下几种不同的状态：

1. 想要或需要学习——它在主题列表中，但你还没有开始。

2. 积极学习——你已经探索并阅读了一些关于这个主题的资源，正在寻找更多的资源。

3. 熟悉——你一般都能理解这个主题，并且对如何应用它有一些想法。

4. 自如——你已经应用过主题中的概念并掌握了它。

5. 精通——你已经应用了足够多的概念来了解其中的一些细微差别，并且知道遇到新问题时可以使用哪些资源。

许多专业知识分类进一步细分了这些状态，但每一个级别都代表了行为中可观察到的变化。最好能知道自己处于哪种水平，这样你能更好地认识到想在哪个方面投入时间。对于那些你很少遇到或者与想要完成的任务不一致的主题，你甚至都不想达到"精通"状态。将这些内容写下来有助于你保持计划的最新状态，如图 11-4 所示。

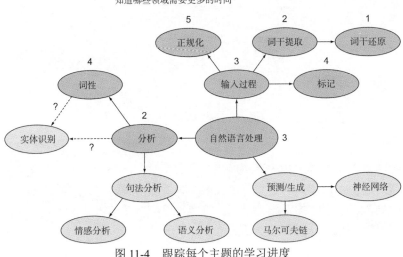

图 11-4　跟踪每个主题的学习进度

在每一个学习阶段，你可能会学到关于一个主题的几个相关点。它们可能不够大，不足以证明向思维导图中添加更多节点是合理的(尽管思维导图软件使这成为一项低成本的活动)，但是把它们写下来会有帮助。你可以用这些笔记来衡量你在某个主题上的学习水平，它们可能会促使你重新审视那些需要更多工作的想法。

思维导图软件

思维导图软件可以帮助你创建组织想法和各种想法之间关系的视觉图。最简单的思维导图是一些用线条连接的文本的节点。有几种商业工具可供使用，例如 Lucidchart(www.lucidchart.com) 和 MindMup (www.mindmup.com)，具有更高级的功能，但是任何绘图软件，例如 draw.io(https://draw.io)，都可以提供你所需的入门知识。尝试一些简单而免费的方法，直到你熟悉映射为止。

我在学校和职业生涯中挣扎了很长时间，踩过很多坑，只有经过大量的重复实践才能吸收信息。事实证明，制订计划并跟踪学习进度可以有效地学习本书及其他内容。如果你以前没有这样跟踪学习过，请试试看。

在你头脑中应该有一个探索和学习新想法的框架，请继续阅读，从而获得一些关于你读完本书后该去做什么的建议。

11.2　设计模式

在过去的几十年里，开发人员已经多次解决了类似的问题。纵观所有解决方案，已经出现了某些特定模式。其中一些模式提供了松耦合和可扩展性，有些模式则没有提供。

这些软件设计模式(design pattern)是久经考验的解决方案，给出方案名称可以让我们更具体地讨论它们。对于团队需要理解的概念，一种普遍使用的语言或共享的词汇，对实现团队所追求的结果有很大的帮助。

创建 Bark 命令时使用了一种设计模式。众所周知，命令模式经常用于 Bark 这样的应用程序中，用来将请求操作的代码与操作本身分离。无论在什么情况下使用命令模式，命令模式总是有一些常见的部分：

1. 接收器——执行操作的实体，如在数据库中持久化数据或进行 API 调用。

2. 命令——包含接收器执行操作所需信息的实体。

3. 调用程序——触发命令以警告接收器的实体。

4. 客户——组装调用程序、命令和接收器以实现任务的实体。

在 Bark 中，这些部分如下所示：

1. PersistenceLayer 类是接收器。它们接收足够的信息来存储或检索数据(在 bookmarkDatabase 的情况下，这些信息来自数据库)。

2. Command 类就是命令。它们存储与持久层通信所需的信息。

3. Option 示例是调用程序。当用户在菜单中选择一个选项时，它们会触发一个命令。

4. 客户模块就是客户。它将选项与命令正确挂钩，以便用户的菜单选择最终导致所需的操作。

图 11-5 展示了这些类的统一建模语言(unified modeling language，UML)图[1]。UML 是描述程序中实体之间关系的常用方法。本书有意对 UML 简要介绍，因为它会增加学习难度。但是，当你了解设计模式时，会经常看到 UML 图。请记住，模式本身是需要理解的重要内容——如果 UML 图对你来说不合适，仅限阅读即可。

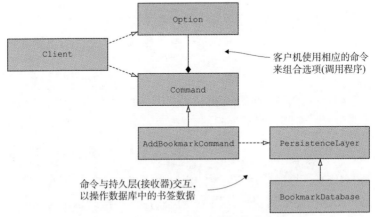

图 11-5 Bark 应用程序中使用的命令模式

---

1 更多关于 UML 的信息，请参见维基百科上的 *Unified Modeling Language* 一文：https://en.wikipedia.org/wiki/Unified_Modeling_Language。

11.2.1　Python 设计模式的起伏

你已经了解了在 Python 中使用特定设计模式的一些好处。命令模式帮助你在 Bark 中分离抽象层，从而实现灵活的持久层、业务逻辑层和表示层。你以后学到的许多其他模式也可能提供价值。

为了理解在 Python 中应该学习和应用哪些设计模式，了解开发和使用许多设计模式的上下文非常重要。一些设计模式的重要驱动因素是它们的语言或者它们产生的语言。许多设计模式来自 Java 这种静态类型的语言。由于是静态类型，像 Java 这样的语言在创建类的实例等方面会受到限制。因此，许多设计模式都是创造性的。Python 的动态类型使它可以从这些限制中摆脱出来，因此 Python 中根本不需要很多模式。

最终，与本书中的许多主题一样，设计模式能够帮助你完成工作。如果你试图用一种设计模式来解决问题，而且感觉很勉强，那么不使用特定的模式即可。同时，一种更好的模式可能会出现。

了解更多有关设计模式的规范，可以参考 *Design Patterns: Elements of Reusable Object-Oriented Software* 一书。[2]在线软件开发社区也有许多关于这个主题的讨论，有一些有用的案例研究可以帮助你进一步了解是否使用以及何时使用某种特定的模式。

11.2.2　需要了解的术语

可以从以下术语开始研究设计模式：

- 设计模式
  - 创意设计模式
  - 工厂模式
  - 行为设计模式
  - 命令模式

---

2 Erich Gamma, Richard Helm, Ralph Johnson 和 John Vlissides, *Design Patterns: Elements of Reusable Object-Oriented Software* (Addison-Wesley Professional, 1995)。

- 结构设计模式
- 适配器模式

11.3　分布式系统

在现代网页应用程序开发中，你可能需要一个处理 HTTP 流量的服务器，一个用于持久层数据的数据库，一个用于存储频繁访问的数据的缓存，等等。这些元素构成了一个系统，一组相互连接的部分组成了一个整体。这个系统的各个部分通常位于不同的机器、不同的数据中心，有时甚至不同的地理位置，如图 11-6 所示。这些分布式系统为开发人员增加了需要理解和处理的价值、复杂性和风险。

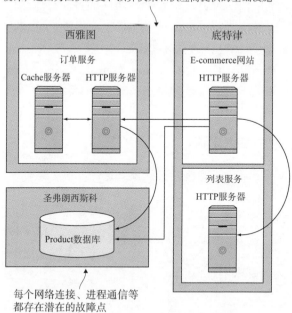

图 11-6　分布在多个位置的系统

分布式系统表现出的一些更有趣的复杂性往往会导致它们失败。

11.3.1 分布式系统中的故障模式

即使在一台机器上,程序也可能意外崩溃。如果没有考虑到这种情况,预计该程序正在运行的其他程序也可能崩溃。

将应用程序的各个部分拆分到新的位置会引入新的奇特的故障模式。所有应用程序可能都正常运行,但它们之间的网络连接可能会失败。大多数应用程序可能能够访问数据库,但也有可能并不能访问。分布式系统技术会试图抵抗和从这些故障模式中恢复。

我发现思考分布式系统失败的方式与考虑功能测试类似。第 5章介绍了创造性的探索性测试,它是尽可能多地列举漏洞的一种方法。分布式系统在更大范围内需要同样的心态,因为有更多的活动部件。

11.3.2 寻址应用程序状态

分布式系统中的一个大问题是如何处理部分系统崩溃。你也许可以在没有系统某些部分的情况下工作,也可以在没有它们提供的数据的情况下继续工作。而系统的其他部分可能是必需的,但是它们对时间不敏感,因此在停机时向它们发出的请求可以被存储并推迟到它们恢复后再执行。系统的剩余部分对运行至关重要,没有它们,系统就会停止运行。这些都是单点故障(single points of failure)。

分布式系统被设计成最小化单点故障,有利于在没有特定操作或信息的情况下进行优雅降级(graceful degradation)。像 Kubernetes这样的工具 (https://kubernetes.io/) 通过最终一致性 (eventual consistency)增强了处理失败的方法,使你能够为系统定义所需的状态,从而保证系统最终将达到所定义的状态。可以将优雅降级与最终一致性配合使用,减少可延展性系统出现故障的可能性。

尽管分布式系统并不新奇,但在工具和理念方面有许多最新的发展。Kubernetes 及其周围的生态系统理所当然地可以应用于小型系统，但它适用于更大、更复杂的系统。你可以从分布式系统的原理和技术开始研究，然后在进入专用工具之前，先练习构建一些分布式系统。

11.3.3　入门术语

你可以从以下术语开始研究分布式系统：
- 分布式系统
  - 容错
  - 最终一致性
  - 期望状态
  - 并发
  - 消息队列

11.4　进行 Python 深潜

很明显，你可以继续在 Python 领域发展。尽管本书在示例中使用了 Python 来传达有关软件设计的理念，但是对于 Python 语言的特性、语法和强大功能，还有很多需要学习的地方。

11.4.1　Python 代码样式

随着你在工作中使用 Python 越来越多，最终会对喜欢的代码格式有所了解。你将以这种风格编写代码，因为以后阅读起来会更容易。但是当其他一直遵循自己风格的人读到你的代码时，他们可能很难理解。PEP 8 指的是关于 Python 风格指南的介绍，它为 Python 代码格式提出了一种标准样式的建议，这样你就不必为它烦恼了。[3] Black(https://github.com/psf/black)这样的工具更进一步，它对所有代码强制使用确定性的、有针对性的格式。这使你可以自由地思考更

3　可以在 www.python.org/dev/peps/pep-0008/中找到 *PEP 8—Style Guide for Python Code*。

大的问题，例如软件的更高层面的设计和试图解决的业务需求。

11.4.2　语言特征是模式

　　传统上，是根据对象和它们之间的交互作用来讨论设计模式。但在 Python 语法中，某些想法的表达方式也有一些共同的模式。在 Python 中，由于优雅、简短、清晰或易读而经常以某种方式完成的事被称为"Pythonic"。对于试图理解代码的人来说，这些模式与设计模式一样重要。

　　Python 中的一些模式涉及使用这种情况下固有的数据类型，比如使用 dict 将键映射到值。有些模式涉及使用列表推导或三元运算符来减少多行语句(当某些内容足够简短和清晰时)。了解每种模式的适用范围和时间很重要，知道何时不需要它们也很重要。

　　《Python 之禅》为编写 Python 代码提供了一套很好的通用原则。

```
>>> import this
The Zen of Python, by Tim Peters

Beautiful is better than ugly.
Explicit is better than implicit.
Simple is better than complex.
Complex is better than complicated.
Flat is better than nested.
Sparse is better than dense.
Readability counts.
Special cases aren't special enough to break the rules.
Although practicality beats purity.
Errors should never pass silently.
Unless explicitly silenced.
In the face of ambiguity, refuse the temptation to guess.
There should be one--and preferably only one--obvious way to do it.
Although that way may not be obvious at first unless you're Dutch.
Now is better than never.
Although never is often better than *right* now.
If the implementation is hard to explain, it's a bad idea.
If the implementation is easy to explain, it may be a good idea.
```

Namespaces are one honking great idea--let's do more of those!

如果你将这些指导原则视为简单的准则，那么可以将批判的目光转向代码中使你感到不舒服或感到有趣的地方。看一些难懂的语法，理解它在做什么，并在网页上搜索"用 Python 做某事的最佳方法"可以产生一些替代的想法。我学习技能和技巧的另一个策略是在 Twitter 上跟踪 Python 的著名用户，比如 Python 核心开发人员。你经常可以通过这种方式找到自己需要的信息，这些信息可能是你需要了解的。

对于语言的全面指南，可以参考 Daryl Harms 和 Kenneth McDonald 合著的 *The Quick Python Book* 一书(Manning，1999)；Kenneth Reitz 和 Tanya Schlusser 合著的 *The Hitchhiker's Guide to Python* 一书(O'Reilly, 2016; https://docs.python-guide.org/)；以及 David Ascher 和 Alex Martelli 合著的 *Python Cookbook* 一书(O'Reilly, 2002)，这些书可以帮助你沉浸在语言中。

11.4.3　入门术语

在开始研究 Python 代码的示例、模式和指导原则时，可以从以下术语开始：

- Pythonic 代码
  - 使用 Python 式的方法来做某事
- Idiomatic Python
- Python anti-pattern
- Python linter

11.5　你已经了解的内容

作为作者，我无法预测是什么原因促使你选择阅读本书，也无法预测你在选择本书时有多少经验。如果你在阅读本章，我就能大致了解你目前的水平。人们总是很少批判自己，所以在最后，总结所学到的内容很重要。即使学会了本书的所有内容，也请记住以下几点：

- 软件开发不是一蹴而就的，而是无数的实践最终合并成软件。
- 平衡所有实践将是一个持续的挑战，当你专注于改进其他实践时，有些实践会起伏不定。
- 这些内容都不是精确的。假设某件事是"唯一正确的方式"的话，就大错特错了。
- 可以将本书中所学的原则应用于大多数语言、框架或问题。Python 很棒，但不要把自己封闭其中。

11.5.1　开发人员的心得体会

第 1 章直接介绍了软件设计的概念。了解到软件设计是一个有意图的、深思熟虑的过程，为下面的章节奠定了基础。你偶尔会因为截止日期等原因而很难找到时间进行前期设计，但要尽可能多地找到中心，这样就可以对所构建的软件进行深思熟虑。虽然结果仍是最重要的目标，但良好的设计将帮助你尽可能顺利地实现成果。

第 2 章介绍了关注点分离的基本实践。大多数现代编程语言都鼓励使用函数、方法、类和模块，这是有充分理由的。将软件分解为组成部分有助于减少认知负荷，并提高代码的可维护性。关注点可以在最低级别的代码中分离，一直到软件的更广泛的架构。

基于 Python 的关注点分离，第 3 章介绍了如何使用分离点进行抽象和封装。除非你和其他开发人员有兴趣了解更多内容，否则将自己和其他开发人员从特定任务的细节中解放出来，这会让人感到欣慰。只向软件的其他区域公开关键细节也会减少集成点，并为用户降低破坏代码的可能性。

第 4 章进入更具体的领域，介绍了性能设计，介绍了 Python 提供的一些数据结构，以及它们在什么情况下有用。你还了解了一些

用于定量测量软件性能的工具。度量指标则用于衡量软件性能加快
的各种因素。

　　第 4 章介绍了如何测试程序是否有效，第 5 章则侧重于测试程
序是否正确。功能测试帮助你验证是否正在构建想要构建的内容。
你学习了如何构造函数测试，以及如何使用 Python 工具编写测试。
跨语言和框架的功能测试模式非常相似，因此可以将这些信息应用
于其他地方。

　　本书第Ⅲ部分通过构建 Bark 应用程序，带你踏上了一段实践之
旅。在这段旅程中，你实现了许多里程碑：

- 构建了一个多层架构来支持单独的表示层、业务逻辑层和持
  久层。
- 打开 Bark 扩展从而更轻松地添加新功能，然后添加了一个
  新特性，从 GitHub 中导入 stars 作为书签。
- 使用接口和命令模式进一步减少添加或更改特性所需的工
  作量。
- 解开了 Bark 不同区域之间的耦合，为它带来了新的可能性，
  比如创建一个移动或网络应用程序。

　　书签工具并不华丽，但是你在构建过程中学会了一些华丽的技
巧。把你所学到的知识运用到未来的项目中去完成真正的任务，一
定会收到同样有效的结果。你也可以把学到的任何新概念应用到
Bark 中，可以选择添加特性、改进现有代码或为其编写测试。一切
皆有可能！

11.5.2　即将完结

　　至此，你已经学完了本书。很高兴能向你介绍这么多内容，希
望你在使用软件实现更大目标的过程中，能有更多精彩的故事发生。
祝你学习顺利，突破障碍，用心开发。

　　编码快乐！

11.6 本章小结

- 学习不是一个被动的过程。应制订一个有用的计划，把它写下来或画出来，然后跟踪进度。这可以产生更多的想法或下一步行动，帮助你保持动力和好奇心。
- 试着找出解决问题的共同模式和方法。当你遇到同样的问题时，尽早尝试几种不同的方法，看看哪种方法最有效。模式是工具，它们应辅助工作而不是阻碍工作。
- 在语言中切换自如。你不需要一次学会所有内容，但要保持一种好奇心，经常询问是否有更为惯用的编码方式来表达思想。
- 从本书开始，你已经走了很长的路，所以利用这段时间好好反思一下，休息一下。

附录 A

安装Python

本附录的内容包括：

- 有哪些 Python 版本可用，以及要使用哪些版本
- 如何在计算机上安装 Python

Python 是一种相当便携的软件，可以在大多数系统上从源代码进行编译。幸运的是，也可以为系统预构建 Python。本附录将帮助你设置 Python，以从命令行运行本书中的所有代码。

提示 如果你已经在电脑上安装了 Python 3，就太好了。在此，不必再做其他工作。请继续阅读，并遵循本书中的代码。

注意 如果安装了 Python 3，那么在运行代码时几乎肯定需要使用 python 3 命令。Python 是为许多操作系统上不同的 Python 安装而保留的(参见第 A.2 节)。

A.1　我应该使用什么版本的 Python

Python 2.7 的第一个版本发布于 2010 年，在撰写本文时，macOS 附带了 Python 2.7.10 版本，这是继 Python 2.7 版本之后的最新版本。从 2020 年 1 月 1 日起，Python 2.7 将不再受到官方支持。

你可能已经熟悉了 Python 2，担心升级到 Python 3 不太适应，不必担心，大多数代码的更改幅度都很小。启动新项目时，建议使用 Python 3，这样就能够编写可以在将来使用更长时间的代码。

提示　有一些工具可以帮助你从 Python 2 升级到 Python 3。
Python 提供了 __future__ 模块，使你能够使用更新的 Python 3 特性，
这些特性也能够应用到 Python 2 中。这样，当你升级时，句法也同
步升级，你只需删除 future 导入。Six (2 乘以 3，明白了吗？) package
(https://six.readthedocs.io/)也有助于跨越两个版本。

A.2　"系统" Python

许多操作系统可能都已安装了 Python，因为系统需要它来完成
一些任务。这种 Python 安装通常被称为"系统"Python。例如，macOS
上安装了 Python 2.7 供使用。

当你需要安装软件包时，使用系统 Python 会变得很棘手，因为
它们都将安装在这个全局版本的 Python 下。如果你安装的包覆盖了
操作系统所需的内容，或者有多个项目需要一个包的不同版本，就
会出现麻烦。强烈建议避免使用"系统"Python。

A.3　安装其他版本的 Python

如果你以前没有安装过自己的 Python 版本，那么有两个可用的
选项。这两个选项在功能上是等价的，所以具体选择哪一个应该取
决于你的工作流程，或者哪一个对你来说更有意义。

唯一重要的是，应确保你有一个相对较新的 Python 版本。虽然
Python 3.6 中的大多数库都已兼容，但推荐使用 Python 3.8 编写这个
库。如果没有任何特定的要求，请安装最新版本的 Python。

A.3.1　下载官方 Python

你可以直接从 Python 的官方网站下载 Python(www.python.
org/downloads)。该网站应该能检测到你所使用的操作系统类型，并
显示一个大的下载 Python 按钮，如图 A-1 所示。如果该网站不能检

测到你的操作系统，或者它出错了，下面会显示出各种操作系统的
直接链接。

图 A-1　黄色的大按钮提供最新版本的 Python，可以在下面的链接中找到
　　　　旧版本或其他操作系统的版本

　　这个下载应该和你在系统上安装的大多数其他应用程序一样。
在 macOS 上，打开下载的文件将引导你完成安装向导，如图 A-2 所
示。在向导中选择哪些选项则由你来决定，但默认值通常就是最合
适的选择。

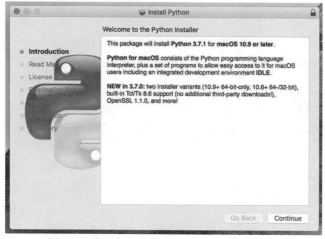

图 A-2　我通常只是轻率地单击 Continue 按钮

A.3.2　使用 Anaconda 下载

如果你对科学计算领域感兴趣，可能对 Anaconda 很熟悉 (www.anaconda.com)。Anaconda 是一套包括 Python 的工具。在撰写本文时，Anaconda 可以与 Python 2 或 Python 3 一起安装。检查你有哪些 Python 版本，并确保有 Python 3 版本。

例如，使用 Anaconda 的 conda 命令，并使用 `conda install python=3.7.3`，你可以安装大多数版本的 Python。阅读官方文档可以了解系统的安装过程。

A.4　验证安装

完成安装过程后，打开一个终端(或 macOS 上的终端应用程序)。从任何地方，尝试运行 Python 命令(可能是 Python 3)。如果 Python 安装成功，将看到 Python REPL 提示符，它应该在某处显示 Python 3：

```
$ python3
Python 3.7.3 (default, Jun 17 2019, 14:09:05)
[Clang 10.0.1 (clang-1001.0.46.4)] on darwin
Type "help", "copyright", "credits" or "license" for more
information.
>>>
```

尝试输入你最喜欢的代码片段，看看会发生什么情况：

```
>>> print('Hello, world!')
Hello, world!
```

现在，你已经准备好挑战世界了！